魏 新◎编著

寻觅幸福的脚步

快乐工作和幸福生活的心灵指南

北京工业大学出版社

图书在版编目（CIP）数据

寻觅幸福的脚步 / 魏新编著 . —北京：北京工业大学出版社，2012.1

ISBN 978-7-5639-2953-5

Ⅰ . ①寻… Ⅱ . ①魏… Ⅲ . ①幸福 – 通俗读物
Ⅳ . ① B82-49

中国版本图书馆 CIP 数据核字（2011）第 270284 号

寻觅幸福的脚步

编　　著：魏　新
责任编辑：王铁杰
出版发行：北京工业大学出版社
（北京市朝阳区平乐园 100 号 100124）
010-67391722（传真）bgdcbs@sina.com
出 版 人：郝　勇
经销单位：全国各地新华书店
承印单位：唐山才智印刷有限公司
开　　本：787mm × 1092mm　1/16
印　　张：18
字　　数：234 千字
版　　次：2012 年 1 月第 1 版
印　　次：2021 年 1 月第 2 次印刷
标准书号：ISBN 978-7-5639-2953-5
定　　价：32.00 元

前　言

人们都在追求成功的人生，认为只有成功了才能实现人生的价值。殊不知，在生命中，有着比成功更具有价值的东西，那就是幸福和爱。

幸福并不是一个能够看得见、摸得着的实体，而是一种无形的感觉。幸福犹如庭前花开花落、天外云卷云舒。只要有宠辱不惊的心魄、淡然如诗的心境，即使幸福在天涯海角，它也会不远万里来寻找你，因为它是从来不会随便寄托在别人身上的，而是向你的身体内延伸。想要获取幸福吗？那就学会如何去爱吧！它会让你受益匪浅。无论朝阳落日还是潮起潮落，都能够让你在其中感受一份安宁。然而人生去向何方，情归何处，是否想要得到幸福、快乐、成功的人生，决定权都在我们自己手里。为什么人的一生总是遇到困难和麻烦，有这样那样的想法无法实现？因为人们没有找到正确的方法，没有办法获得完美幸福的人生。所以要学会关爱别人，让爱充满人间。

请跟随本书的思路，一起来学习如何去寻找幸福，一起探究如何获得成功与快乐的秘密吧。本书通过多方面的介绍，告诉人们如何获得人生中的幸福，怎样把握当下的幸福，如何从平淡中获得真实的快乐，如何让自己内心的爱去拥抱幸福，怎样掌控自己的欲望，怎样减少心中的烦恼，让内心获得一份平静和快乐。如此才能让你获得幸福，打造完美人生。

目　录

淡定是一种人生态度

于红尘中千回百转，于尘世中起起伏伏，却始终找不到答案。什么是淡定？世风浮躁，如何才能淡定？历览前贤，他们用自己的选择为后人树立了丰碑。“非淡泊无以明志，非宁静无以致远”的胸襟，“采菊东篱下，悠然见南山”的恬淡，到“谁怕？一蓑烟雨任平生”的淡定，人生并非波澜不惊、一马平川，唯有淡定、从容面对一切。

淡泊明志，宁静致远

淡泊是人生当中不可多得的体验，它包含着对自然万物的认同，代表着物我两忘的奇妙境界。真正的淡泊可以寄情于山水，寓意于花鸟虫鱼，感受着清风细雨，在俯仰之间，笑看落花有情，流水无意，那些让生命更加美丽的种种让生活变得更加旖旎多姿。淡泊犹如美好的天籁之音，所展露的自然中的美、平淡中的真，让生活明晰无比，不再纷乱。

生活中的真、善、美，源于淡淡的生活，正是这些淡然的幸福，给人们的生活增添了快乐，增加了善念，给人们留下了无穷的智慧。

作为蜀国的丞相，诸葛亮身后却未给子孙留下一分私财。年轻时的诸葛亮，躬耕于南阳，心忧天下。于清风明月中，他饱览史书；于竹林清泉顽石旁，他与友人对弈。每日纵观世间的风云变幻，夜晚察看长空的斗转星移，不问名利，不求闻达，他胸中的傲然之志和济世之才，已经在那青山绿水间浑然成就。刘备三顾茅庐后，诸葛亮便尽心尽力，鞠躬尽瘁，死而后已。他留给人们的不单有治国的奇谋良策，还有做人应该秉承的豁达、恬淡的精神——非淡泊无以明志，非宁静无以致远。因此，诸葛亮被世人看做忠臣能人、高尚操守的象征。

能做到对生活中的物质不过分奢求，清简而自然，诸葛亮所坚持的淡泊与宁静的操守，让他排除了心中的私心杂念，把目光放得更加长远，他为子孙留下的不是功名利禄，而是享之不尽的智慧。而刘备的儿子阿斗，虽坐拥一方天下，却为名利所遮目，最终沦为阶下囚。

对于世俗的烦恼，除了要淡泊名利，更要有超然之心。提及有超然之心的文人墨客，最让人慨叹不已的，正是大名鼎鼎的苏轼。苏轼之所以是苏轼，不仅在于他有“大江东去浪淘尽”的豪放，更重要的还在于他有“一蓑烟雨任平生”的洒脱。官职一降再降，他也不会自怨自怜到像屈原那样去投江自尽，写出来的词极少有幽怨之作，依然是那么的豪气冲天，对待生活还是那么的积极，这也看出他人生境界的高远。

苏轼的一生，曾有人用“霉”字以蔽之，甚至上升到风水上面，说他是“生在眉山，倒了霉运”。对于苏轼这样一个做过大官的文学天才，而且在北宋无人不知无人不晓，一贬再贬的仕途怎是一个“霉”字了得？

苏轼是宋代著名的文学家、书画家。他与父亲苏洵、弟弟苏辙皆为文学名士，世称“三苏”；与汉末“三曹”（曹操、曹丕、曹植）齐名；与黄庭坚、米芾、蔡襄被称为最能代表宋代书法成就的书法家，合称为“宋四家”。

嘉祐元年(1056 年)，苏轼首次出川赴京，参加科举考试。翌年，他参加了礼部的考试。当时的主考官是欧阳修，他对苏轼的《刑赏忠厚之至论》倍加赞赏，苏轼高中进士。

神宗即位后，任用王安石开始新的变法。苏轼的许多师友，包括当初赏识他的恩师欧阳修在内，因在新法的施行上与新任宰相王安石意见不合，被迫离京。朝野旧友凋零，苏轼眼中所见的，已不是他 20 岁时所见的“平和世界”。

苏轼认为新法不能便民，便上书反对。这样做的一个结果，便是他像他的那些被迫离京的师友一样，不容于朝廷。于是苏轼自求外放，调任杭州通判，在杭州停留了三年，任满后，被调往密州、徐州、湖州等地，任知州。

这样持续了大概十年，苏轼遇到了生平第一桩祸事。当时有人故意把他的诗句扭曲，大肆渲染。元丰二年(1079 年)，苏轼到任湖州还不到三个月，就因为写的诗词讽刺了新法，以“文字毁谤君相”的罪名，被捕下狱，史称“乌台诗案”。

苏轼下狱后生死未卜，在等待最后判决的时候，他的儿子苏迈每天去监狱给他送饭。由于父子不能见面，所以早在暗中约好：平时只送蔬菜和肉食，如果有死刑判决的坏消息，就改送鱼，以便心里早作准备。

苏轼坐牢 103 天，几次濒临被砍头的境地。幸亏北宋在太祖赵匡胤年间便定下不杀言官、士大夫的国策，苏轼才算躲过一劫。

出狱以后，苏轼被降职为黄州团练副使，这个职位相当低微。

神宗驾崩后，哲宗即位，高太后听政，新党势力倒台，司马光重新被起用为相。苏轼于是以礼部郎中被召还朝。在朝半月，升起居舍人，三个月后，升中书舍人，不久又升翰林学士。在此期间，苏轼处在人生的顺境之中，但依然坚持他的淡泊。“人在玉堂深处”时，却怀念黄州的东坡雪堂，“手种堂前桃李，无限绿阴青子”；他还告诫自己说：“居士，居士，莫忘小桥流水。”元祐六年 (1091 年) 三月，自杭州知州入为翰林学士承旨时作《八声甘州·寄参廖子》词，偏要表白自己：“谁似东坡老，白首忘机。”苏轼这种在顺境中淡泊自守的品格难能可贵。

俗话说：“京官不好当。”当苏轼看到新兴势力拼命压制王安石集团的党羽，尽废新法后，认为其与所谓“王党”不过一丘之貉，再次向皇帝进谏。

至此，苏轼处在了进退两难的尴尬境地，既不能容于新党，又不能见谅于旧党，再度自求外调。他以龙图阁学士的身份，再次到阔别了 16 年的杭州当太守。苏轼在杭州进行了一项重大的水利建设，疏浚西湖，用挖出的泥在西湖旁边筑了一道堤坝，也就是著名的“苏堤”。

苏轼在杭州过得很惬意，自比唐代的白居易。但元祐六年 (1091 年)，他又被召回朝，可不久又因为与朝内大臣政见不合，被外放。

晚年遭受贬谪的苏轼面对人生的挫折，平和地吟出：“莫听穿林打叶声，何妨吟啸且徐行。竹杖芒鞋轻胜马，谁怕？一蓑烟雨任平生。”正是淡然面对挫折、淡化苦痛的平和心境，磨洗了苏轼的豪放词风。实际上，苏轼用象征手法写出自己在突如其来的政治风雨面前内心的坦荡与气度的从容，有无奈，更有洒脱和超然。

拥有一颗清净淡泊的心，才能让自己获取更多的幸福。

读过弘一大师传记的人，大概都不会忘记他是以怎样珍惜和满足的神情面对盘中餐的：最普通的萝卜和白菜，他却用筷子小心地夹起放在嘴里，似在享用山珍海味。“在他，什么都好，旧毛巾好、草鞋好、走路好、萝卜好、白菜好、草席好……”他的好友、现代学者夏丏尊先生便这样评价他。

“长亭外，古道边，芳草碧连天……”一曲悠远的《送别》，让人们久久难忘，也记住了这个名字——李叔同。谁料想，1918 年 8 月 19 日，这个风流才子离别了妻子，悄然遁入空门，从此，世上再无李叔同，只有弘一大师。

如果人是以超然、恬淡、惜福的心态度过每一天，又如何能不知足、安详、欢愉、幸福呢？正所谓“惜衣惜食，非为惜财缘惜福；爱人爱物，到了方知爱自己”。

淡泊是一种志向，是一种人生态度。这不是叫人们逃避生活，而是教人们睿智生活的一种方式。淡泊不是碌碌无为和平庸，而是教人们要拿得起，放得下，有所为有所不为，威武不能屈，贫贱不能移，顺境不自傲，逆境不气馁，不计较名利，不计较得失，不大悲大喜。人生不一定总是淡泊，淡泊却总是属于人生。从古到今，从中国到西方，拥有伟大灵魂的人莫不是如此。

法国哲学家、文学家萨特亦是一个充满了淡泊智慧的人，萨特有无数的财富，却长年住在一间极其简陋的房间里，在这个不起眼的小屋中写出了浩如烟海的文字。萨特的一生都在用他的文字诠释法兰西的自由，但是，他从来没有意识到自己可以用钱改善一下自己的住处。

政治、权贵、战争，都影响不了萨特。他为自己丰富而高贵的精神世界活着。萨特死后，成千上万的巴黎市民为他送葬。人们甚至悲叹道："天空中一颗智慧之星陨落了。"

世人不是萨特，做不到像他那样，但是，人们可以守住自己的淡定、淡然、和超脱。以不变应万变来保全自身的幸福便是智者，所谓的"不变"，就是不贪婪，不奢侈，不乱方寸，不忘根本。对任何事物持一个通达、明智的态度，守住做人的准则，守住心灵的贞洁，不枉到这世上走一遭。

人生的道路复杂而曲折，起起落落，不论在"羊粪蛋子发烧"的日子，还是"落毛的凤凰不如鸡"的时候，做到坦然面对是很难的；能做到不作秀、不炫耀、不张扬、不流俗已经是勉为其难；而敢于面对挫折和磨难，淡泊名利，宠辱不惊，更是难上加难。

其实，幸福确实是一种奇妙而简单的东西，愈体味愈觉得其妙无穷。于忙碌中，不妨试着拒绝各种外来的诱惑，独自徜徉于自己营造的淡泊的氛围里，沏一杯香茗，放一段音乐，让疲惫的身心在宁静中好好地放个假。淡然地生活，并简简单单地去品味点点滴滴间存在的幸福。幸福就像山坡上静静地吐露着芬芳的野花，没有围墙，也不需要门票，只要有一颗清净的心和一双未被遮住的眼睛，就能看到。在纷繁复杂的尘世间，拥有一份属于自己的宁静，便会发现这实在是一种独特的享受。

真正的淡泊清净，是明白自己的需求，心甘情愿地退隐"山林"自得其乐。这是一种主动的人生选择，也是对自己生命的合理安排。

淡泊明志，宁静致远，是为了拥有一份属于自己人生的真实和美丽。在很多年以后，当人们经历了人生中的风风雨雨，经历了岁月的无情的洗礼之后，依然能够有心如止水的意境，不以物喜，不以己悲，依然能够找到自己对此人生的那份淡定和从容，那么幸福将不再遥远。

采菊东篱下，悠然见南山

现代人一味地追求栖息于繁华喧嚣的都市，哪怕是飘浮着，不会有根，也在所不惜。当他们在灯红酒绿、纸醉金迷中不能自拔时，只能羡慕“采菊东篱下，悠然见南山”的轻松生活，想起原来这才是一种自然、旷达、超然的人生态度，然而此时慨叹“我再也不能重新选择生活了，”又能如何呢？

乱花渐欲迷人眼时，不妨了解我们的内心，试着和它对话，看清楚自己的幸福的根源在哪里，让我们循着幸福的轨迹去寻找。追求的过程谁又说不是一种幸福呢？当我们可以感受到自己越来越平和的心态，越来越柔软的身姿，不再用咄咄逼人来武装自己，只是云淡风轻地从容应对一切之时，我们其实就悟出了幸福的真谛。

有一座泥像，它太羡慕人类了，觉得做一个人是一件非常幸运的事情，每日可以无忧无虑，自由自在地到处奔跑。它决定抓住一切机会，向人类呼救。

有一天，智者圣约翰路过此地，泥像向圣约翰发出呼救：智者，请让我变成人吧！”圣约翰看了泥像，微微地笑了笑，然后衣袖一挥，泥像立刻便成了一个活生生的青年。

“你要想真正变成人，必须先跟我试走一下人生之路，假如你受不了人生的痛苦，我马上可以把你还原。”智者圣约翰说。

于是，青年跟智者圣约翰来到了悬崖边。

“现在”，请你从此岸走向彼岸吧！”圣约翰长袖一拂，已经将青年推上了铁索桥。

青年战战兢兢，踩着一个个大小不一不同的链环的边缘前行，然而不小心，一下子跌进了一个链环之中，顿时，两腿悬空，胸部被链环卡得紧紧的，几乎透不过气来。

“啊！救命呀！这是什么？”青年挥动双臂大声呼救。“请你想办法自救吧。在这条路上，能够救你的，只有你自己。”圣约翰在前方微笑着说。青年扭动身躯，奋力挣扎，好不容易才从这痛苦之环中挣扎出来。“你是什么链环？为何卡得我如此痛苦？”青年愤然道。“我是名利之环。”脚下铁链答道。

青年继续朝前走。忽然，隐约间，一个绝色美女朝青年嫣然一笑，然后飘然而去，不见踪影。青年稍一走神，脚下又一滑，又跌入一个环中，再次被链环死死卡住。可是四周一片寂静，没有一个人回应，没有一个人来救他。这时，圣约翰再次在前方出现，他微笑着缓缓道：“在这条路上，没有人可以救你，只有你自己才能救自己啊！”青年拼尽力气，总算从这个环中挣扎了出来，然而他已累得精疲力竭，便坐在两个链环间小憩。“刚才这是个什么痛苦之环呢？”青年想。“我是美色链环。”脚下的链环答道。

经过一阵休息之后，青年顿觉神清气爽，心中充满幸福愉快的感觉，他为自己终于从链环中挣扎出来而庆幸。青年继续向前走，然而没想到他又接连掉进了欲望链环、嫉妒链环……待他从这一个个痛苦之中挣扎出来，已经完全疲惫不堪了。抬头望望，前面还有漫长的一段路，他再也没有勇气走下去了。

“智者！我不想再走了，你还是带我回原来的地方吧！”青年呼唤着。智者圣约翰出现了，他长袖一挥，青年便回到了路边。“人生虽然有许多痛苦，但也有战胜痛苦之后的欢乐和轻松，你难道真愿意放弃人生吗？”“人生之路痛苦太多，欢乐和愉快太短暂、太少了，我决定放弃做人，还原为泥像。”青年毫不犹豫地说。智者圣约翰长袖一挥，青年又还原为一尊泥像。“我从此再也不受人世的痛苦了。”泥像想。然而不久，泥像被一场大雨冲成一堆烂泥。

面对周遭的万千变化、百般诱惑，人们能否保留自己的那份真性情？能否将回归山野、回归自然，看成是一种极大的享受？

在台湾一个访谈节目的嘉宾中有一位年轻貌美的太太，她对主持人倾诉，自己很不理解老公的做法——他在人烟稀少的山上买了所房子，每个月都要到山上住几天。房子多由丈夫自己打理，他动手劈柴，还抽出时间种花种菜，像个隐士一样。家人虽然很奇怪为什么他要去那种荒郊野外，自己做那么多看似很无聊的事情，但还是愿意陪着他一同去。他觉得这样的生活非常安静，能见到自己的真性情。

世人皆在试图掩盖自己的真性情，真正能看到、能坚守住真性情的有几人？

东晋的陶渊明就是一个能看到、能坚守住真性情的人。在他生命的从容淡然之下，有一种壮怀激烈的不舍。这个有血有肉的中年汉子，他的真性情，让世人不能不为之动容。

美国教材中入选的三个中国人之一便是陶渊明。他入选的理由是：出生在上流生活，出污泥而不染。美国人认为陶渊明不是一个一般的中国农民，他能接触士大夫阶层的人，与之在一起饮酒作诗，却不参与时政。他的作品反映了他简单的田园生活理想，甚至把这种生活美化成世外桃源。美国学者想告诉学生的是，中国魏晋南北朝时世风日下，陶渊明与众不同，保持了自己超脱、自然的生活习性、人的本性追求。人生不是到处都是死胡同，走不通只能撞墙，选择权永远都在自己的手中。

陶渊明，字元亮。晚年时更名为陶潜，私谥“靖节”。曾祖陶侃曾经做过晋朝的大司马，被封为“长沙郡公”。陶渊明的祖父、父亲都做过官。但在陶渊明的少年时代，家族世代为官的荣耀同显赫已经成为历史，不复存在。

陶渊明年轻的时候曾徘徊在出仕与隐逸之间。在那个年代，做官是所有文人的入仕之道，正所谓“学而优则仕”。然而陶渊明的性情难以被做官所拘束。29岁那年，他做过江州祭酒的小官，但很快就因“不堪吏职”而辞职不干了，此后一直在家隐居，直到中年后迫于生计，又一度出门任职。当他在做彭泽令的时候，因不想“束带”去见督邮，说了句“我岂能为五斗米折腰向乡里小儿！”然后又辞官归隐了。

这一次，陶渊明真正地归隐田园，再也没有出来做官。

“自然界是他爱恋的伴侣，常常对着他笑”，确如梁启超对陶渊明的评价那般，陶渊明在自然与哲理之间打开了一条通道，在生活的困苦与自然的旨趣之间达到了一种和解。在最平凡无奇的田园生活里，他的笔下也显示出了一种意味绵长的清净之美。“仁者乐山山如画，智者乐水水无涯。从从容容一杯酒，平平淡淡一杯茶。”陶渊明不求闻达于诸侯，做到了真正的放下，他选择了一种淡定从容的生活。

陶渊明在《归园田居》中写道：“少无适俗韵，性本爱丘山。误落尘网中，一去三十年。”这样一个生性不羁的人让他去做官，每天逢场作戏、官场酬酢，怎能不难受？当他真正抛弃了所谓的功名利禄之后，一个无限舒展的世界向他敞开了。从他的诗里，人们可以深切地感受到，他的精神世界迈向了另一个层次：“种豆南山下，草盛豆苗稀。晨兴理荒秽，带月荷锄归。”随口吟来，让人心向而往之。

东晋适逢乱世之末，又是佛教风行、崇尚名士风度的时代，因此，出现陶渊明这样超越世俗的田园诗人有一定的机缘巧合。唐宋以来的许多大诗人，像李白、杜甫、白居易、苏轼、陆游，都非常推崇陶渊明，在艺术创作和人生态度上也深受其影响。

钱钟书曾说："一切快乐的享受都是属于精神的"，"精神的炼金术能使肉体的痛苦都变成快乐的资料"。采菊东篱下的无拘无束，悠然见南山的忘情忘我，幸福正是这样的一种感觉，苦中作乐未尝不是一种收获。

一个除了理想一无所有的年轻画家出门远行，在外面艰苦谋生，晚上就住在荒弃的车库里，那里什么都没有，除了成群的老鼠。画家每日与老鼠为伴，曾经陷入了深深的苦闷中，而有一天，他突然想通了，心境变得自在起来，觉得平常的生活也可以有很多乐趣，这些小东西点燃了他的创作灵感。他开始观察老鼠的活动，觉得有意思极了，常常把它们的可爱动作画下来。后来他来到了能把梦想变成现实的好莱坞，创造出了世人皆知、经久不衰的"米老鼠"这个卡通形象。而这个穷困潦倒的画家就是沃特·迪斯尼先生。

上帝没给沃特·迪斯尼很多，只给了他一群老鼠。可正是在那种艰苦的条件下，他抓住了上帝给予的这一点，并竭尽全力获得了成功。良好的心态让他在丑中寻到了美，在穷困中获得了幸福。

在许多人眼中，幸福是什么？或曰位高权重，或曰家财万贯，或曰金屋藏娇，或曰锦衣玉食……其实，幸福是每个人自己的切身感受。鞋子是否合适，只有自己的脚知道。别人所不知的，当然就是秘密了。

幸福是一种心境，是一种个人体味。一个腰缠万贯的富翁，可能无聊、空虚得直感叹"穷得只有钱了"；一个春风得意的人，也会因诸多"不可兼得"而直喊“活得好累”；那些对生活灰心失望的人，即使整日披金戴银、美味佳肴，过着无比清闲的日子，也常感叹“活得真没意思”；整日里红粉相依、情场得意者，也会叫嚷“烦死了，别理我！”这些人无一例外地有幸福的环境，却不一定有幸福的感觉。“不管在什么情况下，幸福都是一种秘密。”林语堂先生的这句话，确实意味深长。

幸福和幸福的感觉并不是一回事。当浑身臭汗、小腿肚子青筋鼓暴的挑夫，在山间松林得以片刻休息，饮几口酒，嚼几粒花生米，用草帽扇扇凉风，幸福的表情充斥着眼角和眉梢。乡村教师，身居陋室，然明月窗下，一卷在手，神游八极，同古今名士交谈，赏妙笔佳句如饮醇醪，其乐融融，谁能知晓？

“采菊东篱下，悠然见南山”，并不是执意让人们放弃城市的生活，感受自然，感受田园，而是让人们从这样的诗句中，感受到一种来自灵魂深处的自由与舒展，让人用更广阔的胸襟去看待自己的人生，探索真正的幸福。

让内心停驻在纯净中

古人有句话叫“大道至简”，越是真理就越简单，著名的美籍华裔数学家陈省身先生有一个很有趣的“数学人生法则”——数学的一个重要作用就是九九归一，化繁为简。智者的简单，并非因为贫乏或缺少内容，而是繁华过后的一种觉醒，繁华若梦，过后便是一场空，这不是悲观的人生，而是一种去繁就简的境界。简单的过程是一个觉醒的过程。大道至简，健康的人生一定是一个至纯至净的人生。

尘世的烦扰越是尽可能地被扔掉，只为自己的心留一片开阔的天空和纯净，距离幸福就越近。仔细想来，快乐其实很简单，与金钱、权势、名声、地位都无关，真正能给我们带来快乐的是一份纯净的心境！如果能放下该放手的东西，让内心停驻在纯净当中，便会拥有快乐的人生。何不每天阳光灿烂地过日子，洗练一份仁厚清净的心境，无憾无悔地走到生命尽头？

古希腊的佛里几亚国王葛第士，用非常奇妙的方法在战车上打了一串绳结。同时他预言：谁能打开这串绳结，谁就可以征服亚洲。一直到公元前334年，仍然没有一个人能成功地将绳结打开。这时亚历山大率领军队入侵小亚细亚，当他来到系有葛第士绳结的战车前，二话不说便毫不犹豫地拔剑砍断了绳结。后来，他果然占领了比希腊大50倍的波斯帝国。

在现实生活中，困扰我们的绳结同样存在，并且有可能就在我们的心中。在这样一个充满了诱惑的时代，要保守一份内心的纯净、一份对世事的清醒，需要极大的毅力和勇气。到底是什么在诱惑着我们？金钱、权势、美色……这些让多少人迷失了自己，舍弃了心中的纯净和坚持的操守，乖乖投降！

一天，洞山禅师与云居禅师在一起闲聊。不经意间，洞山禅师问道："云居，你爱色吗？"

云居禅师正在用竹箩筛豌豆，听到洞山禅师这样问自己，吓了一跳，筐里的豆子都撒了出来，滚到了洞山禅师的脚下。洞山禅师笑着弯下腰，把豌豆一粒一粒地捡起来放进筐里。

云居禅师耳边依然回响着洞山禅师刚才的问话，他犹豫再三，不知道该怎么回答，因为这个问题实在是没有办法回答。

诸相皆有色，"色"包含的范围太大了！爱慕妩媚妖艳的女色吗？做事时会看别人脸色吗？穿衣服挑颜色吗？享受佳肴美酒时看重菜色、酒色吗？选择宅第房舍时注重墙色吗？贪恋黄金白银的财色吗？

云居禅师放下了竹箩，心中还在不住地翻腾。他想了很久以后，才回答道："不爱！"

洞山禅师一直在旁边默默地观察云居禅师受惊、闪躲、逃避、挣扎的表情，不无惋惜地说："你在回答这个问题之前真的想好了吗？等你真正面对考验的时候，是不是能够做到从容地面对呢？"

云居禅师这个时候大声地答道："当然能！"然后他向洞山禅师脸上看去，希望能得到他的回答，可是洞山禅师只是笑，没有任何回答。

云居禅师感到十分奇怪，他反问道："那我问你一个问题行吗？"

洞山禅师依然笑着说："你问吧！"

"你爱女色吗？"云居禅师这样问道，"当你面对诱惑的时候，你能从容应对吗？"

洞山禅师哈哈大笑，说道："我早就想到你会这么问了！我看她们只不过是美丽的外表掩饰下的臭皮囊而已。你问我爱不爱，爱与不爱又有什么关系呢？只要心中有自己坚定的想法就行了，不必看别人的脸色，更不必在乎别人是怎么想的！"

"色即是空，空即是色。"即便是眼中有色，心中却无色，这样才能坦然面对世间的各种诱惑。云居禅师虽然嘴上说能够面对真实的考验，可是他不能真正做到保持内心纯净、没有杂念，才会在不知不觉中看了洞山禅师的脸色。心中有色，才会挣扎，才会觉得很矛盾，才觉得不能回答这个问题。

心中纯净，才能坦然。所以，面对这些"起于青萍之末"，"徘徊于桂椒之间，翱翔于激水之上"，从四面八方吹来的风，贵在"降伏其心"，使其不为八风所袭扰、所摇动、所蛊惑！

一老一少两个和尚一起到山下化缘，途经一条小河。两个和尚正要过河，忽然看见一个妇人站在河边发愣，原来妇人不知河的深浅，不敢轻易过河。

老和尚立刻上前去，把那个妇人背过了河。

两个和尚继续赶路，可是在路上，小和尚一直抱怨老和尚，说作为一个出家人，不应该接近女色，你怎么能背个妇人过河？

老和尚一直沉默着，最后他对小和尚说："你之所以到现在还喋喋不休，是因为你一直都没有在心中放下这件事，而我在放下妇人之后，同时也把这件事放下了，所以才不会像你一样。"

小和尚听了，顿时觉得羞愧万分。

故事里的小和尚确实很可笑，喋喋不休地指责同伴。背的人还没说什么，看的人却这般过不去，实在是因为他的心胸有些狭窄，如果他的心中没有杂念，又岂会对此事念念不忘？

在人们心中，会被许多的追求、许多的憧憬所占据。有些人穷极一生在追求真理，追求着理想中的生活；有些人追求刻骨铭心、至死不渝的爱情；有些人追求的则是金钱和至高无上的名誉和地位。有追求就会有收获，我们确实会在不知不觉中拥有很多，有些是必需的，而有些却是完全用不着的。那些用不着的东西，一方面满足了我们的虚荣，而最大的可能，却成为一种负担。所以，幸福与快乐其实并不难，保持内心的简约和纯净即可，记住简单使人宁静，宁静使人快乐。如果占据人们内心的是剪不断、理还乱的繁乱之事，幸福往往会悄然止步。

有一个年轻人从家里出门，在路上看到了一件有趣的事，一头牛被人拴在了树上，这头牛想挣脱开束缚，却只能围着树来回转。正好年轻人经过一家寺院，便想考考老禅师。他说："请教师父，什么是'团团转'？"

“皆因绳未断。”老禅师随口答道。

听到这样的回答，年轻人大吃一惊。“您是如何做到未卜先知的呢？”年轻人说，“我今天在道路上，见一头牛被绳子拴在了树上，它想到草场上去吃草，可是无论它怎么转来转去，都挣脱不开。我以为师父您没看见当时的情景，肯定答不出来，却没想到您一下子就说中了。”

老禅师微笑道：“你问的是事，我答的是理。你问的是牛被绳缚而不得脱，我答的是心被俗务纠缠而不得解脱，一理通百事啊！”

年轻人大悟。

生命各有各的快乐，就在于不同个体对各自生活有一种简单的满足。不要被世俗的绳结羁绊，听从内心真切的呼唤，让纯净之地不受污染，便能享受属于自己的幸福。

在《我的日子还长》中，冯友兰先生就曾形象地描述了他所获得的幸福：“我的日子还长，所谓的幸福之事不好现在总结。不同的年龄段有不同的对幸福的定义，不同的场合也有不同的幸福的内容。最近可以一说的幸福是和亲戚到了绿洲家园，看到一片空地上有许多两层的房子；很多房子像童话里的城堡，颜色各异。那天的天气极好，所以感觉像在好莱坞的画面里，和所说的‘面朝大海，春暖花开’也差不多了。我看着这些房子，感觉很幸福。之所以感觉幸福，是因为我可以给自己定一个比较遥远的目标，那就是我将来也要有这样的房子。”冯友兰先生心中的幸福是如此简单，看着漂亮的房子也能感到幸福，为自己有个将来拥有这样的房子的理想而感到幸福。可见知足常乐，简简单单的生活最能使我们获得幸福。

有些人，他们活着，却没有时间去多愁善感；爱着，他们却不懂怎么诠释爱情；他们满足，因为他们没有奢望生活过多的给予；他们简单，不用在人前掩饰什么。他们也许连幸福是什么都不知道，然而真正幸福的就是这么一群简单的人。而有的人之所以不幸福，不正是因为不能够活得单纯吗？其实，人因为世俗的执念，完全忘了问自己：为什么非要去刻意追求什么？为什么非要向生命去索取什么？为什么要为了什么去给自己塑造形象？简单本身不就是一种幸福吗？找到答案的人才能深知幸福和财富、地位、声望无关，幸福总是钟情于所有心地纯洁的人。所以，对于念小学的儿童来说，幸福就是半个小时的动画片。不论是富豪的儿子还是穷人的娃娃，那笑脸都是一样的灿烂；对于饥寒交迫的人来说，不论是养尊处优的贵胄，还是终日劳碌的农夫，半碗稀饭、一块烤红薯就足以令其眉开眼笑。

保持内心中的一份纯净，哪怕只是偶尔静静地思索，让思绪在宁静中飘得很远很远。人的欲望永远无止无休，或许只有在离开这个世界的时刻，才会恍然大悟，原来自己的一生有着太多的欲望，短暂的一生竟来不及细细享受阳光，品味细雨，感受自然。当自己慌乱地寻找着幸福的时候，却忽略了最宁静的幸福。

宠辱不惊，成败随意

“宠辱不惊，闲看庭前花开花落；去留无意，漫随天外云卷云舒”是国学经典著作《菜根谭》里的一副经典的对联，寥寥数语，却深刻道出了对事对物、对名对利应有的态度：得之不喜、失之不忧、宠辱不惊、去留无意。

当然，宠辱不惊说起来容易，做起来却还是很困难的。

有一场举世瞩目的斯诺克赛事，连续几届都是世界冠军的选手已走到卫冕的门口。他只要把最后那个8号黑球打进洞，凯歌就能奏响。就在这时，不知从什么地方飞来一只苍蝇。苍蝇第一次落在他握球杆的手臂上。有些痒，冠军停下来。苍蝇飞走了，这回竟飞落在了冠军紧锁的眉头上。冠军只好不情愿地停下来，烦躁地打那只苍蝇，苍蝇又轻捷地脱逃了。冠军做了一次深呼吸再次准备击球。天啊！他发现那只苍蝇又回来了，像个幽灵似的落在了8号黑球上。冠军怒不可遏，拿起球杆对着苍蝇捅去。苍蝇受到惊吓飞走了，可球杆触动了黑球，黑球没有进洞。按照比赛规则，轮到对手击球了。对手抓住机会死里逃生，一口气把自己该打的球全都打进了。

卫冕失败，冠军恨死了那只苍蝇。在大众的喧哗中，冠军不堪重负，不久就结束了生命。临终时他还对那只苍蝇耿耿于怀。

一只苍蝇和一个冠军的命运联系在一起，是偶然的。倘若冠军能控制住自己并静待那只苍蝇飞走的话，结局也许就不一样了。

名利都是大家想得到的，又怎能不忧不惧、不喜不悲呢？问题的关键还是以什么心态来对待与处理荣辱得失。红尘中的我们难免世俗，花花绿绿的世界让我们深陷其中，一个个都有着不达目的誓不罢休的决心。受宠时，金钱、美色、鲜花纷至沓来，岂不乐哉？而受辱时，当然就愤愤不平、怏怏不快了。因此，有多少名利事，就有多少辛酸情；有多少名利客，就有多少辛酸人。若是心中没有过多的欲望，又怎么会患得患失呢？明白自己要走的路，又怎么会在乎别人对自己的看法？

师徒二僧离别了一年，彼此十分挂念。某一日二人相见，师父问：“徒儿，你这一年都做了些什么事？”

徒弟回答：“徒儿开了一片荒地，种了一些庄稼和蔬菜，每天挑水浇地、锄草、除虫，收成很好。”

师父赞许地说：“你这一年过得很充实呀！”

徒弟便问：“师父，您这一年都做了些什么事？”

师父笑着答道：“我过了白天就过晚上。”

徒弟随意地说道："您这一年过得也很充实呀！"

刚说完，他就觉得自己这样说很不妥，话语中似乎带着讽刺的味道，于是涨红了脸，情不自禁地咂了咂舌头，心想："我这样说，师父肯定以为我在取笑他，我实在是太不应该说这样的话。"

徒弟的窘态早就被师父看透了，就在徒弟想着如何补救的时候，师父责备他说："只不过是一句话，你为什么要看得那么严重？"

徒弟仔细一想，明白了师父的用意："偶尔的小疏忽，或无意的小过失，只要不是成心那样做的，又没有引起什么严重的后果，那就随它去吧，没有必要老是把它放在心头。"

想到这里，徒弟便对师父说："我们开始上课吧！"

师父赞许地点了点头。

只要自己努力过，做着自己喜欢做的事，觉得自己的人生充实而有意义，是成是败又算得了什么呢？

唐太宗时期，有个负责运粮的官员一时疏忽，运粮船遇到大风沉没了。到年终考核时，因为运粮船沉没一事，主管考核的官员卢承庆给这位运粮官评了个"中下级"。那个运粮官听了后神情自若，没有为自己辩解一句就要退下。后来卢承庆综合考虑各种因素转念一想，沉船失粮是突然遇到不可抗拒的大风浪所致，完全归罪于个人有失公允，又将运粮官的级别改成了"中中级"，谁知运粮官还是既无感谢客套之言，又无激动欣然之色。评定等级事关仕途升迁，因此，一般的官员对此都非常紧张。卢承庆被此人的气度所感动，夸奖道："真是宠辱不惊，难得难得！"又将他的级别改成了"中上级"。

雨雪风霜是自然界常有的现象，人生道路上的逆境也是常有的事。很多人在遭遇了打击后，就怨自己命不好，老天爷对自己不公平，要不就是骂别人对不起自己等。实际上，他还应该先找找自己的原因。保持一颗平常之心，才可以像那这位运粮官一样失之不忧，得之不喜。因此，当摔一跤的时候，请不要抱怨，用乐观的心去对待每一件事，就会发现生活是那么的美好。

有两个喜欢买彩票的朋友——李威和杨忠，他们是两个心态完全不一样的人。李威在几年买彩票的生涯中，有一次连中了两次50元，他欢天喜地到处请人吃东西。杨忠讽刺他说："投进了这么多，就中了这么点钱，若是我，早得高血压了，你还那么高兴。"李威却完全不当回事儿，依旧满面春风。

别人都笑着问李威："两个50元加起来也才100元，你有什么可高兴的呢？"他嘿嘿一笑说："我原来的目标就不是500万元，能偶尔来这么一个小奖我就很知足了。"

杨忠却不一样，同样也做了几年彩民，中间偶尔传出他中过三五千元的消息,但每次说到彩票他都是一脸愤恨,他的目标是特等奖，他希望拿到500万元，但目前他一直在失望当中，对成败得失的痴迷，让杨忠受着煎熬。

在人的一生中，许多的成败与得失，并不是我们都能预料到的，很多的事情也并不是我们都能够承担得起的，还有一些人，也是我们捉摸不透的。为人做事能把荣辱得失，看得如花开花落般平常，才能不惊奇；如果能把降、去留、成败看得如云卷云舒般自然，才能不在意，心平气和地迈向幸福。

安心做好自己

安心做自己的人，才是智慧的人。因为每一个生命的个体之所以存在于这个世界上，自有它存在的意义，每个人都独立存在，没有人能取代。

人们都欣赏安详、从容的样子，可是常常不知道安详、从容是如何形成和降临的。有时候，想显示出从容不迫，反倒表现出虚张声势和虚伪做作。真正的从容，是一种有所为有所不为的把握，知道自己在做什么，对一切都满怀好奇。人们知道那唯一的平衡支点在自己的内心，因为无欲，所以无求；因为无求，所以淡然；因为淡然，看起来，就安宁了。安心做自己，要历经磨难，才有摄人心魄的力量。

安宁的大敌，是紧张。别人的行为举止，可以通过训练和学习模仿，就算是心里不是那么回事，表面上也能学个七八分像。然而唯有安宁这份泰然，是学习不到的，通往它的小路只有一条，就是不断地修炼。思能安详，心就敞亮。只有彻底地放松，才能达到秋水般的清凉。

可是，人们偏偏不满足于做自己，认为别人才是幸福的。在社会上，无论走到哪里，稍加留心，就经常能够听到诸如此类的抱怨：我太羡慕小王了，他在外企工作，一个月的薪水抵得上我三个月；我要是老高多好，娶了个市委书记的妹妹；我儿子有邻居家小孩那样乖就好了……有人羡慕别人的高位，有人羡慕别人的钱财，有人羡慕别人帅气的外表，他们只看到别人的长处、自己的不足，想着别人永远是最好的，而别人，则安心地做着自己。

生活中是不是也发生过类似的事情？其实，一个人幸福不幸福，不仅取决于自身获得的满足感，还取决于和他人的比较。通过比较，已有的满足感和初始的欲望就会发生变化。当人们将草房换成瓦房时，应该感到幸福，但这时发现邻居正在盖楼房，于是刚刚涌起的幸福感便随之消失，自己想盖起比邻居更高的楼房。欲望膨胀，来源于和他人的比较，不安心做自己是人不幸福的根源。

偶尔有羡慕之心是很正常的，但是，如果总是拿别人的长处和自己的短处比，那么，真的只有抱怨的份儿了。

仔细想来，做人有太多的不容易，要安心做好自己有多难：老实巴交的人，在社会上可能会吃亏上当，被人轻视；表现出格了，又引来别人的责怪，遭受压制；甘愿瞎混日子、与世无争的人，实在活得没劲儿；要有所追求，就得每走一步都要加倍小心。家庭之间、同事之间、上下级之间、新老之间、男女之间……如果和新来的女同事有所接近，有人就会怀疑是不是居心不良；如果到某领导办公室去了一趟，就会引起这样或那样的议论；如果说话直言不讳，人家必然感觉此人骄傲自满，目中无人；如果工作第一，不管其他，人家不是说死心眼太傻，就是说有权欲野心……天晓得怎么会生出那么多是是非非，凡此种种飞短流长的议论和窃窃私语，可以说是无处不生、无孔不入。如果听觉、视觉都很正常的话，大脑里面很快就会塞满别人的评头论足，那些头昏眼花、心乱如麻的言语，叫人如何能不累？而且，总把目光盯在别人身上，抱怨别人拥有的太多而自己所得的太少，就会在失去自己的同时，也失去了做人的快乐。

世上的事原本都是很平常的，而人们自己经常把事情看得太严重了，让一些小事占据了内心，进而忧虑不安。生活中，人们就是太在乎别人的生活，在乎别人怎么说、怎么看，于是经常被一些不必要的事情烦扰，怕别人责怪而自责，怕别人取笑而自卑，怕难堪而自闭。与其为这些所困扰，不如放下心来，安安稳稳地做好自己。

一位老人的笔记本上，记着得意时最深的一句话："不必在意别人是否喜欢你，是否公平地对待你，更不要奢望每个人都会善待你。"

某一天，赵大突然发现王二对张三、李四很好，但对自己不冷不热，可他想不出自己曾做错什么，也想不出什么地方得罪了王二。于是，他开始惊慌、烦恼。在一次次的自问和猜测中，他耗掉了大把的时间，消磨掉了大把的信心。

其实，王二对自己的态度并不能改变什么实质性的东西，或许本来就不是赵大的问题，何必因此扰乱心理平衡呢？再仔细想想刘五不是对自己很好，而对别人冷冷淡淡吗？这样就够了。

不必在意别人冷漠的表情、窃窃的私语；不必费心去揣测、琢磨别人怎样待你、怎样评价你；不必在意微小的得失、过错或失败，那只是成长路上的一个小插曲。豁达一点，超然一点，平静喜悦地度过每一个日子，然后再回过头想想所经过的是非得失、喜怒哀乐、苦辣酸甜，会发觉眼前突然变得明亮开朗，原来，生活还是充满了七色阳光。把时光留给自己，读自己喜欢的书，倾听悠扬悦耳的音乐，到大自然中去走走……生命中值得留意的东西有很多，实在不值得去挂怀别人的态度。为不值得留意的东西费神，到头来受伤的还是自己。

别人的看法不一定是一面澄净的镜子，最重要的还是自己问心无愧！人生的束缚实在太多了，何必自己给自己找罪受！人活着，不是活给别人看的，而是为自己活的！如果每做一件事都是瞻前顾后、畏首畏尾，岂不是很没有自我？任何一个人都无法做到让每个人满意，尽管已是竭尽全力了。因此一个人无须因为别人的讨厌而失望，并且要时刻提醒自己：无论怎样卓尔不群，仍会有人不喜欢自己，这无所谓。

在一次艺术家作品展览会上，两个小姑娘十分虔诚地请布恩·塔金顿签名。布恩·塔金顿非常得意，因为他可以称得上是20世纪美国著名的小说家和剧作家，作品《伟大的安伯森斯》和《爱丽丝·亚当斯》，都获得了普利策奖。

“我没有带钢笔，用铅笔可以吗？”布恩·塔金顿其实知道她们是不会拒绝自己的，他只是想表现一下自己，身为一个著名作家谦和地对待普通读者的大家风范。

“当然可以。”女孩们果然爽快地答应了！并且非常高兴地接受了。一个女孩很快将精致的笔记本递给布恩·塔金顿。他取出铅笔，潇洒自如地写上了几句鼓励的话语并签上了自己的名字。

谁知道女孩看过他的签名之后，将眉头皱了起来，并仔细地观看布恩·塔金顿，问道："你不是罗伯特·查波斯？"

"不是，我是布恩·塔金顿，《伟大的安伯森斯》和《爱丽丝·亚当斯》的作者，两次获得普利策奖。"

不料，这个女孩扭过脸来对另外一个女孩不屑地耸耸肩膀说："玛丽，请把你的橡皮借我用用。"

刹那间，布恩·塔金顿感到无地自容，所有的骄傲和自负化做乌有。

回到家里，布恩·塔金顿仍然为刚才的不快感到难过。这时，他的儿子走上前来，给了他一个橘子。布恩·塔金顿的儿子非常喜欢吃橘子，可布恩·塔金顿平常连再好的橘子也不吃。于是，儿子就劝爸爸说橘子富含维生素C，多吃对身体有好处。心情烦躁的布恩·塔金顿回答道："再好的橘子我也不喜欢吃，因为我压根儿就不喜欢橘子的味道。"

话音刚落，他突然意识到了什么，立刻高兴了起来。原来，他顿悟了一个道理：哪怕再好的橘子，也照样有人不喜欢。人何尝不是如此呢？

我们无法做到让人人满意，即使是自我感觉很优秀的时候，也要时刻提醒自己：无论怎样做，仍然会可能有人不接受自己。与其为别人的评头论足而介怀、烦躁，不如安心做好自己。

淡定不是淡漠

"淡定"和"淡漠"这两个词看起来很相像，就如同是一对让人很难分清外表的双胞胎兄弟。诚然，它们有着一定的联系，但是实际上，却性格各异。

淡定是一种镇定从容，是一种可畏的勇气，积极的淡定可以使人遇事不慌不乱，得从根本上去解决问题。这需要清晰的头脑和平静的心态，将事情简单化。在许多时候，越是紧张，可能就越办不好事，先想好这些事的来龙去脉，再思考如何解决，用积极的态度去面对人生。

当一个人经历得多了，他可能会把什么都看淡。当他自己感觉对什么都无所求时，对于发生的任何事都会觉得平常无奇，是人生中不可避免的事情，他的心自然就会平静，处理起事情自然也很有条理，其实，这也是一种淡定。

而淡漠，原本有恬淡、冷淡之意。但是，在现代人的眼中，它已经变成了漠不关心的意思。当人们提及“淡漠”，感受更多的是没有情感，越来越冷淡。

虽然，人们在努力地坚守那些优秀的道德阵地，但是，一些事情却促使人们变得越来越淡漠，阵地也在一点点地沦陷。“各人自扫门前雪，休管他人瓦上霜”，仿佛这才是当今社会的处事名言。

江苏南通的一名普通的公交车司机看到一名年迈的老人倒地受伤，他将车停稳后，下车将老人扶了起来。这个善意的举动却为司机带来了不小的麻烦，因为他将老人扶起后，竟被误认为是肇事者，还惊动了公安部门。幸好，车内有监控录像，将他整个救人过程记录了下来，还给了他清白。可是，这件事情经中央电视台披露后引起了各界的广泛关注。老人的家人在得知事情的原委后都倍感内疚。公交车司机也受到了迟到的表彰。

看似圆满结局，可又发人深省。本来公交车司机是在做好事，结果却被诬陷是肇事者。如果没有监控录像，恐怕会给他招惹更多的是非。所以，人们都“吸取”教训，对“做好事”变得更加理智，甚至更加淡漠。古训有云“己所不欲，勿施于人”，现代人并不是不想做好事，而是觉得好事太难做，好人也难当。雷锋的时代难道真的已经一去不复返了？

其实，帮助别人是中国几千年的传统美德。宋代朱熹曾说：“体谓设以身，处其地而察以心也。”一语道出了将他人的处境纳入个人思考范畴的境界，为他人着想的乐趣需要具有很高的自身修养才能够体会到。无论怎样表达，都说明了设身处地地为他人着想是一种人生必修的课程，它阐释了宽容、忍让、体谅等很多美好的品质。如果没有了这些，人们就只能生活在被冷漠包围的荒原。当别人遇到难题时，自己坐视不理，淡漠处之，若换成是自己遇到难题，又奢望谁能出手相助？

人不是能独自存在于这世界的动物。有人曾说：“人世间最纯净的感情只存在于孩童时代。”这句话让人感到每个字眼里都透露出悲凉，谁能否认自己不渴望真情？其实，真情永远存在于人们的心中。不同的年龄对感情的态度不同，体悟感情的方式也不尽一样，但这过程里始终有一个不变的真理，那就是，如果能把别人的处境纳入思考的范畴，那么就会得到恒久的真情。

淡定而不淡漠，心系天下苍生，会让人生升华到更高的境界。纵览先贤，莫不如是。他们那种淡定的态度、不变的操守和对国对民的热忱，名垂千古。

忧国忧民的范仲淹能够“先天下之忧而忧，后天下之乐而乐”，这是他以天下为己任的政治抱负。范仲淹不仅是宋朝名臣，也是一位杰出的政治家和文学家。“先天下之忧而忧，后天下之乐而乐”，正是范仲淹一生的写照。他有对人生的淡定，抛下家室与韩琦一起镇守陕西，屡次击退了西夏、契丹的侵略，保卫了国家的安全；在那“长烟落日孤城闭”的荒山野岭上，他也曾想过家，沉吟过“浊酒一杯家万里”的诗句，然而他想到“燕然未勒归无计”，就在那里餐风饮露度过了半辈子，选择了“愿得此身长报国，何须生入玉门关”。

自古及今，又有不少人在“先天下之忧而忧，后天下之乐而乐”的思想启迪下，英勇地奋斗着。他们装着对国家的一腔热血，对国家无比忠诚。虽然，这是平凡人无法达到的境界，但是，他们为后人树立了丰碑。

春秋史学家左丘明曾说过：“居安思危，思则有备，有备无患。”南宋大诗人陆游也说“位卑未敢忘忧国”。诚然，不是每个人都能有这样的觉悟，也不能要求每一个人都能有这样的胸怀，毕竟，大多数人只是凡夫俗子。现在，中国在世界上的地位日益提升，可是，“国富”并不等于“国强”，国民沉醉于和平安宁的生活之中，如果精神道德沦丧，也有可能毁于一旦。

人与人的相处需要互相帮助，需要一点忘我的精神，很多人说话的时候主语经常是“我”，如果人们都把对方当成主要的，事情定会是另一番景象。人是社会的动物，都需要一份温暖、一份关心、一份慰藉。当对方有困难时，伸出援手；当对方偶有失误时，选择包容，多站在对方角度上考虑一下，这世界就不会再有嫉妒、责难，也不会有人再感到真情需要千呼万唤，它将弥漫在人们身边。

爱因斯坦说：“对于我来说，生命的意义在于设身处地替人着想，忧他人之忧，乐他人之乐。”这是一种怎样宽广的胸怀，让他足以容纳他人的忧和乐，这本身就是一种慈悲，一种人生的大爱！

聪明的人遇事时，会为他人着想，因为他知道当心中只有自己的时候，也可能把麻烦留给了自己；当心中有他人的时候，他人也就为自己留出了一条宽敞的大道。他们往往从别人的角度出发，先考虑到别人的不方便之处；对自己要求很严格，却也有足够的涵养不苛责别人；把做人的深邃的哲理都付诸了行动。

人生就像春种秋收那样，随着四季的流转，不停地播种和收获。不一样的“播种”也将收获不一样的人生。把目光投向大海，将得到整个的海洋；把目光投向天空，将得到整个的天空。用目光穿透黑暗，也就会收获黎明。用目光温暖众人，也将得到众生的恩宠。

淡定不是淡漠。淡定是一种大智慧，是一种非凡的气度。而淡漠，只会让别人敬而远之。如果一个人，他的心是冷酷无情的，在他的眼中，别人的生死都无关紧要，对别人的困难都置之不理，他又如何能立足于这人世？即使有朋友，也不过是泛泛之交，抑或是相互利用。因为，这种淡漠的人，他已经失去了做人最基本的原则。

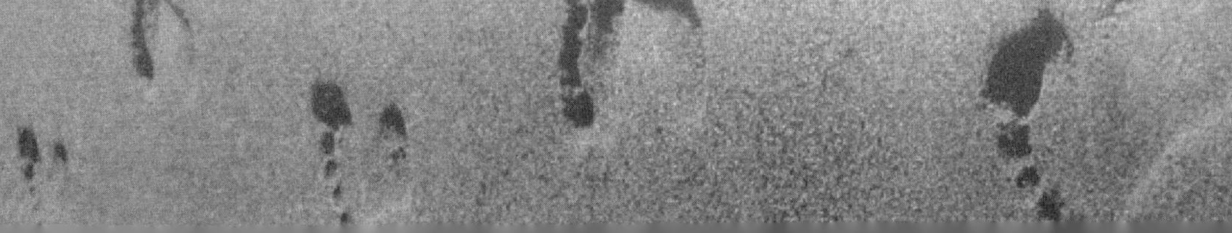

当下的力量就是幸福的力量

幸福的力量源于不可知的未来，还是源于清晰无比的过去？不，幸福便是现在，当下拥有的一切和追求幸福的过程便是在诠释幸福的真谛。看今生，不要看过往，不要幻想着未来，当下的力量就是获取幸福的源泉。

“已失去”和“未得到”，其实都不重要

人，是不是经常陷入对“已失去”的留恋、对“未得到”的痴迷中呢？“得不到的永远是最好的。”事实真是如此吗？

有一座名为圆音寺的庙宇，香火很旺，每天都有许多人上香拜佛。在寺庙里的横梁上有个蜘蛛结了张网，由于每天都受到香火和虔诚的祭拜和熏陶，蜘蛛便有了佛性。经过了1000多年的修炼，蜘蛛佛性增加了不少。

一天，佛祖经过圆音寺，看见这里的香火甚旺，十分高兴。当他即将离开寺庙的时候，不经意间地抬头看见了横梁上的蜘蛛。佛祖便问道：“你我能相见，总算是有缘，我问你个问题吧，看你修炼了这1000多年，可有什么真知灼见？”蜘蛛遇见佛祖，很是高兴，连忙答应了。佛祖问道：“世间什么才是最珍贵的？”蜘蛛想了想，回答道：“世间最珍贵的是‘得不到’和‘已失去’。”佛祖点了点头，离开了。

过了1000年的光景，蜘蛛依旧在圆音寺的横梁上修炼，它的佛性大增。一日，佛祖又来到寺前，对蜘蛛说道：“1000多年前的那个问题，你可有什么更深的认识吗？”蜘蛛说：“我还是觉得世间最珍贵的是‘得不到’和‘已失去’。”佛祖说：“你再好好想想，我会再来找你的。”

不知不觉，又到了1000年之后，有一天，刮起了大风，风将一滴甘露吹到了蜘蛛网上。蜘蛛望着甘露，见它晶莹透亮，很是漂亮，顿生喜爱之意。蜘蛛每天看着甘露很开心，它觉得这是3000年来最开心的几天。突然，又刮起了一阵大风，将甘露吹走了。蜘蛛一下子觉得

失去了什么，感到很寂寞、很难过。这时佛祖又来了，问蜘蛛："这1000年来，你可好好想过这个问题——世间什么才是最珍贵的？"蜘蛛想到了甘露，对佛祖说："世间最珍贵的是'得不到'和'已失去'。"佛祖说："好，既然你有这样的认识，我让你到人间走一遭吧。"

于是，蜘蛛投胎到了一个官宦家庭，成了一个富家小姐，父母为她取了个名字叫蛛儿。蛛儿到了16岁时，已经成了个婀娜多姿的少女，长得十分漂亮，楚楚动人。

这一日，新科状元郎甘鹿中榜，皇帝决定在后花园为他举行庆功宴会。来了许多妙龄少女，包括蛛儿，还有皇帝的小公主长风公主。状元郎在席间表演诗词歌赋，大献才艺，在场的少女无一不为他倾倒。但蛛儿一点也不紧张和吃醋，因为她知道，这是佛祖赐予她的姻缘。

过了些日子，说来很巧，蛛儿陪同母亲上香拜佛的时候，正好甘鹿也陪同母亲而来。拜过佛，两位长者在一边说上了话。蛛儿和甘鹿便来到走廊上聊天。蛛儿很开心，终于可以和喜欢的人在一起了，但是甘鹿并没有表现出对她的喜爱。蛛儿对甘鹿说："你难道不曾记得16年前，圆音寺的蜘蛛网上的事情了吗？"甘鹿很诧异，说："蛛儿姑娘，你漂亮，也很讨人喜欢，但是你的想象力也未免太丰富了吧？"说罢，他和母亲离开了。

蛛儿回到家，心想，佛祖既然安排了这场姻缘，为何不让他记得那件事？甘鹿为何对我没有一点感觉？

几天后，皇帝下诏：新科状元甘鹿和长风公主完婚；蛛儿和太子芝草完婚。这一消息对蛛儿如同晴空霹雳，她怎么也想不通，佛祖竟然这样对她。几日来，她不吃不喝，穷究极思，灵魂就将出壳，生命危在旦夕。太子芝草知道了，急忙赶来，扑倒在床边，对奄奄一息的蛛儿说道："那日，在后花园众姑娘中，我对你一见钟情，我苦求父皇，他才答应。如果你死了，那么我也就不活了。”说着就拿起了宝剑准备自刎。

就在这时，佛祖来了。他对快要出壳的蛛儿灵魂说：“蜘蛛，你可曾想过，甘露（甘鹿）是由谁带到你这里来的呢？是风（长风公主）带来的，最后也是风将它带走的。甘鹿是属于长风公主的，他对你不过是生命中的一段插曲。而太子芝草是当年圆音寺门前的一棵小草，他看了你3000年，爱慕了你3000年，但你却从没有低下头看过它。蜘蛛，我再来问你，世间什么才是最珍贵的？”

蜘蛛听了这些真相之后，好像一下子大彻大悟了，她对佛祖说：“世间最珍贵的不是‘得不到’和‘已失去’，而是现在能把握的幸福。”刚说完，佛祖就离开了，蛛儿的灵魂也回位了，睁开眼睛，看到正要自刎的太子芝草，她马上打落宝剑，和太子深深地拥抱在一起。

千回百转，蛛儿为了没有得到而伤心欲绝，为了已经失去而奄奄一息，恰恰忽略了眼前之人。这并不是只在故事中才会出现的画面，它就出现在当今的生活中。

有的人将“活在当下，把握今生”当成自己的座右铭，他们不会痴迷于已经过去的东西，成功也好，失败也罢，对于“已失去”和“得不到”，会用一种睿智的心态去面对，而不会被牵绊。而有的人，走过了一大半的人生，还没有翻然醒悟，甚至继续执迷不悟，结果一辈子都竹篮打水，深感自己做人的失败。

有个上进心很强的人，他一心一意想升官发财，可是从年轻熬到年老，却还只是个基层办事员，不仅升职无望，发财更是痴心妄想。这个人为此极不快乐，感觉自己活得很失败，每次想起来就掉泪，有一天竟然号啕大哭起来。

一位新同事刚来办公室工作，觉得很奇怪，便问他到底因为什么难过。他说：“你叫我如何不难过呢？在我年轻的时候，我的上司非常爱好文学，我便学着作诗、学写文章，想不到刚觉得有点小成绩了，却又换了一位爱好科学的上司。我赶紧转变方向，开始学数学、研究物理，没想到上司觉得我的学历不够，还是不肯重用我。后来，现在这位上司走马上任了，我想我终于可以熬出头了，不仅‘文武兼备’，也有丰富的经验，谁知这个上司器重年轻人，而我年龄渐高，眼看就要退休了。这一辈子，一事无成，一无所获，我怎么能不难过呢？”

竭力争取得不到的东西没有错，想尽力留下已经失去的东西也没有错，可是每个人的能力毕竟都是有限的，什么都要争取，什么都不忍放弃，结果却哪一方面都没有取得成绩。人们有时候甚至捡了芝麻，丢了西瓜，看不清自我，不住地抱怨、悔恨。

上帝经常听到尘世间万物抱怨自己命运不公的声音，于是就问众生：“如果让你们再活一次，你们将如何选择？”

牛说：“假如让我再活一次，我希望自己是一头猪。我每天从早到晚，干的净是力气活！吃的是草，挤出来的可是奶。人们却对我们的贡献熟视无睹。做猪就快活多了，吃完睡，睡了吃，肥头大耳，像神仙一样度日。”

猪说：“假如让我再活一次，我要当一头牛。生活虽然苦点累点，但是有个好名声。我们给人们贡献出自己的生命，成为人们的美味佳肴，我们明明不笨，却成了‘傻瓜懒蛋’的代表，骂人也都要用‘蠢猪’。”

鼠说：“假如让我再活一次，我要做一只猫。一辈子都由主人养，养尊处优还不用费力气到处找食吃，等着人喂就好了，多自在。”

猫说：“假如让我再活一次，我要做一只鼠。我偷吃主人一条鱼，会被主人打个半死。老鼠呢，可以在厨房翻箱倒柜，大吃大喝，人们对它也无可奈何。”

鹰说：“假如让我再活一次，我愿做一只鸡，渴有水，饿有米，住有房，还受主人保护。我们呢，一年四季漂泊在外，风吹雨淋，还要时刻提防冷枪暗箭，活得多累呀！”

鸡说：“假如让我再活一次，我愿做一只鹰，可以翱翔天空，任意捕兔捉鸡。而我们除了生蛋、司晨外，每天还胆战心惊，怕被捉被宰，惶惶不可终日。”

女人们说：“假如让我再活一次，一定要做个男人，经常出入酒吧、餐馆、舞厅，不做家务，还摆大男子主义，多潇洒！”

而男人们则会说：“假如让我再活一次，我要做一个女人，上电视、登报刊、作广告，多风光。即使是不学无术，只要长得漂亮，一句嗲声嗲气的撒娇，一个朦胧的眼神，都能让那些正襟危坐的大款们神魂颠倒。”

上帝听后，大笑起来，说道：“一派胡言，一切照旧！还是做你们自己吧！”

“未得到”的诱惑力何其之大，让人根本看不到活在当下的珍贵。有的人在得不到的时候，总是垂涎三尺。有的人却在拥有的时候不去珍惜，当一切都成为了过眼烟云，才会有所觉悟，接着后悔不已。如果希望人生能过得更幸福一点，要摆脱“未得到”的诱惑、“已失去”的悲伤，每一个人都要学会看重自己的现在，珍惜自己已经拥有的幸福，不要再无谓地懊恼“得不到”和“已失去”，而是紧紧把握住现在。

给你一个柠檬，就把它做成柠檬汁吧

酸酸的柠檬让人望而却步，整个果实让人无从下口，本来含有大量营养元素的柠檬却被束之高阁，这该如何是好？如果把它榨成新鲜的柠檬汁，放入几个冰块，切一小片柠檬插在杯子上，做装饰品，既透着冰爽的凉意，又吸引了人的目光，何乐而不为？

给你一个柠檬，不妨把它做成柠檬汁吧。

很多人一有风吹草动，便使劲地往消极的地方想，就像手里分到一个柠檬，还没开始吃，牙已经酸得要倒了。太阳一旦钻进云层，便担心是不是有暴风雨来临；关节偶尔疼痛，便会怀疑是不是得了骨癌；老板的气色不好，便担心自己是不是做错事，会不会被炒鱿鱼；同事一次没有主动和自己打招呼，就会怀疑是做了什么对不起他的事情……当然，如此杞人忧天，不但破坏了自己的心情，也往往使自己的人际关系受到影响。对凡事都担心，不仅于事无补，而且得不偿失。

在一间寺庙里，有一个新来的小和尚，他对什么都非常好奇，而且喜欢问个不停。秋天到了，一阵秋风过后，寺院里红叶纷纷落下，小和尚见状，跑去问住持：“红叶这么美，为什么会掉呢？怎么不挂在树枝丫上呢？”

住持淡然一笑：“因为冬天快来了，树撑不住那么多叶子，只好舍。这不是‘放弃’，是‘放下’！”

冬天来了，小和尚看见师兄们把院子里水缸中的水倒掉了，觉得可惜，又跑去问住持：“好好的水，为什么要倒掉呢？”

住持笑笑："因为冬天冷，水结冰就会膨胀，这样就容易把缸撑破，所以要倒干净。这不是'真空'，是'放空'！"

深冬时节，大雪纷飞，厚厚的，一层又一层，积在几棵盆栽的龙柏上，住持吩咐几个徒弟把盆搬倒，让树躺下来。小和尚见了，又不解了，问住持："龙柏好好的，为什么要放倒？"

住持一脸严肃："谁说好好的？你没见雪把柏叶都压弯了吗？再压就断了。那不是'放倒'，是'放平'，是为了保护它，让它躺平休息休息，等雪消融后再扶起来。"

冬季漫长，加上经济不景气，香火钱明显减少了，小和尚担心起来，就跑去问住持："怎么办呢？这以后怎么过呢？"

"少你吃的了，还是少你穿的了？"住持瞪他一眼，"你去数数看！柜里还挂了多少衣服？柴房里还堆了多少柴？仓房里还积了多少土豆？别总想没有的，想想还有的；苦日子总会过去，春天总会来的。你要放心。'放心'不是'不用心'，而是把心安顿好。"

没有人能够阻挡，春天果然来了，也许是因为冬天的雪水特别多，春花烂漫，更胜往年，寺院的香火又渐渐旺盛起来，小和尚高兴了，他觉得自己再也无忧了。可是一天，他发现住持要出远门了，小和尚就追到山门问："您走了，我们怎么办呢？"

住持笑着挥挥手："你们能放下、放空、放平、放心，我还有什么不能放手的呢？"

生活中，很多人像这小和尚一样，凡事放不下，凡事担心，凡事操心。当然，适度的担心是有必要的，但是，操闲心、过分担心却完全是多余的，因为自然界的变化是有规律的，不是人能够控制的，同样的道理，我们周围的人和事情也会不断发生变化，因此，完全没有必要把那些变化当成是针对自己的，或是认为是对自己不利的。只要心胸开阔，只要能够用正面的、积极的态度看问题，那么就不会再有烦恼之事，也就不用无谓地操心、担忧了。而另外一个小和尚，则聪明多了。

一天，老和尚吩咐弟子们每人到南山砍一捆柴回来。当弟子们走到离山不远的地方时，纷纷停了下来。连日的大雨使河水疯涨，原来的小溪变成一条大河拦住了他们的去路。

弟子们看着湍流的河水，一个个目瞪口呆。看来是别想过河砍柴了，弟子们都无功而返。

弟子们垂头丧气地来到师父面前。这时候只有一个小和尚与师父坦然相对。

师父问其原因，小和尚从怀里掏出一个大红苹果递给师父，说："我们过不了河，砍不了柴，我见河边有棵苹果树，就顺手把树上唯一的一个苹果摘了回来。"师父听完点点头。后来小和尚成了师父的衣钵传人。

小和尚能随时把握身边的机会，让自己有所收获，不仅不勉强得到、不担心忧虑，反而镇定自若，遇到苹果，便摘下苹果，何尝不是一种智慧？可是，每一个人不一定都如这个小和尚一样，老和尚的弟子把自己的目标局限在砍柴上，砍不到柴，他们的计划就只能泡汤，空手而归。能顺从自然并有所发展的人不会不幸福，因为他懂得酸柠檬会变成诱人一饮而尽的柠檬汁。

弗尔年轻的时候曾经是一名邮务生，工作之初，他和其他的邮务生没有任何区别，一直在用陈旧的方法分发信件。这是一种效率非常低的发信方法，经常会有很多信件因为方法陈旧耽误几天甚至几周之久。

弗尔对这种现状自然不满意，他无时无刻不在想尽办法来提高自己的工作效率。白天的时候，他用心观察自己的工作情况，晚上在床上的时候他还会用心思考如何解决工作效率低的问题。没过多长时间，他竟然想到了一种把信件集合寄递的办法，这对信件的投递速度有了极大的提高。

这种方法很快就被推广开来，弗尔也因此升职了，不再是邮务生了，但是，在新的岗位上，他依然是尽力做好每一份工作，用心思考工作。五年之后，他被提升为邮务局帮办，没过几年，他又被提升为总办，最后他凭借这种尽心尽力做事的精神，升任为美国电话电报公司的总经理。

面对事业不如意的弗尔，用心、用努力改变了人生的轨迹，从一个普通的邮务生，变成了一个经理。人生的路途，可能路障重重、问题多多，但是谁也不能阻止你的脚步。

一天，一位中年人从农村搭公家运东西的车子回城里，车到中途，忽然抛锚，那时正是夏天，午后的天气闷热难当。在烈日炎炎的公路上无法前进，真是让人着急。可是，他一看当时的情形，就知道急也没有用处，反正得慢慢等车子修好才可以走。于是，他问了问司机，知道要三四个小时才可以修好，就独自步行到附近的一条河里游泳去了。河边清静凉爽，风景宜人，在河水中畅游之后，暑气全消。等他游泳尽兴回来，车子已修好待发，乘着黄昏晚风，直驶城里。

经过这件事情后，他逢人便说：“真是一次愉快的旅行！”假如换了别人，在这种情形之下，可能只好站在烈日之下，一面抱怨，一面着急，而那辆车也不会提早一分钟修好，那次旅行也一定是一次最痛苦、最烦恼的旅行。

一个完整的柠檬是酸的，难以下口，变成柠檬汁后是不是更容易饮用了呢？每个人的一生都像一场旅行，既然人生不过是一种路过，不妨用心享受旅途中的风景吧。你虽然有了柠檬，却没有感受到幸福，如同手中是一个烫手的山芋，但是你完全可以不用回避、扔掉，因为要知道，你的人生不只拥有柠檬，还有柠檬汁可以享用。

维纳斯的缺憾美

人的一生中总会发生一些难以预料的事情，面对生活的不完美、不如意，我们既不能放弃自己，也不能苛求自己更完美。我们所能做的就是勇敢地接受自己不完美的现实，不抱怨、不懊恼，怀着一颗包容的心看待生活给我们的不如意。在轻松、满足的环境中我们才能生活得更好，刻意地追求完美，只会使生活越来越糟糕。

有一位老人，年逾七旬，还是孤身一人。并不是他不想结婚，而是因为他一直都在寻找着一个在他看来十分完美的女人。

有人问他："您都已经七十多岁了，好歹也走了不少的地方。这么多年的寻找，难道就不能找到一个完美的女人吗？"

老人悲伤地说："有一次我碰到了一个完美的女人。"

"那你们怎么没有结婚呢？"

老人更加伤心了："没办法啊，她也正在寻找一个完美的男人。"

一句非常经典的广告语说得好，"没有最好，只有更好"。那些一生都在追求完美的人们不仅严格要求自己，也给其他人设定了很高的标准。他们往往接受不了自己或他人的弱点和不足，甚至因为一点小缺点而忽略了所有的优点。

事实上，每个人都有缺点和不足，都会有紧张、不适的体验，这是正常的表现，必须学会接受它们，顺其自然。如果非要和自然规律抗衡，必然会自讨苦吃。正所谓“世界并不完美，人生当有不足”。留些缺憾，反倒可以使人清醒，催人奋进。

身体有缺憾并不可怕，可怕的是因此对自己失去信心，自暴自弃。其实，每个有缺憾的人都是被上帝咬了一口的苹果。

著名物理学家霍金之所以伟大，除了他在学术上的贡献外，还因为他能积极乐观地生活。一个人失去活动能力，如果这样的事情发生在一些人的身上，可能他们早就失去生存的勇气了。然而霍金心中没有仇恨，没有苦恼，也没有怨天尤人，而是不甘心放弃，积极向上，用自己的执著与乐观战胜了身体的缺陷。“我的手还能活动；我的大脑还能思维；我有终生追求的理想；我有爱我和我爱着的亲人与朋友；对了，我还有一颗感恩的心……”谁能想到这样豁达而美妙的文字，竟是出于霍金之口。

21岁的霍金，被确诊患有罕见的、不可治愈的运动神经病——肌肉萎缩性脊髓侧索硬化。医生说他只能活两年半，并且随着病情的恶化，他将失去所有的活动能力。然而，这种致命的打击并没有击倒霍金，他也并没有因为自己丧失所有活动能力而否定自己的价值。

霍金自称：“幸亏我选择了理论物理学，因为研究它用头脑就可以了。”虽然不能用笔和纸工作，霍金却借助描绘在纸上的图像表达了他的思想从而得到补偿。他的方法使较传统的需要假说、实验和观测的科学方法更加直观。由于霍金无法发声，只能借助声音合成器来发声，这一组合十分费力，所以他的讲演风格既简练又准确，没有其他讲演者频繁使用的矫揉造作的废话。

这个在轮椅上生活了30多年的高位瘫痪的残疾人，命运之神对他来说，在常人看来是苛刻得不能再苛刻了：他口不能说，腿不能站，身不能动。可他仍感到自己很富有：一根能活动的手指，一个能思考的大脑……这些都让他感到满足，并对生活充满了感恩。因而，他的人生是充实而快乐的。

“人无完人，金无足赤。”缺陷，对于肢体健全的人来说，常常被忽略，而实际上，缺陷在我们的生活中是无处不在的。完美，只是相对的概念。每个人都有自己不可回避的缺陷，但是，我们坦然正确地对待缺陷，又何尝不会发现美？

按当下的审美标准来看，姚晨应该算是非典型美女。《武林外传》中的郭芙蓉，让这个说大话、假把势的女孩人气骤升，大家记住了她的“排山倒海”。原以为姚晨同其他来去匆匆的青春偶像派演员一样，但2009年她挟《潜伏》而来，把一个土得掉渣、猛得咋舌的王翠平演得生动可爱，大家记住了她的土布衣衫、大烟枪，也记住了她的鲜明特色——大嘴。

从这张大嘴来看，姚晨不是典型意义上的美女，这张嘴大得毫不娇艳欲滴，也完全没有罗伯茨、舒淇的性感动人，但姚晨毫不修饰，还将大嘴的特色发扬光大。

同样的身材、同样的搞笑天分，曾志伟和潘长江这一南一北两大笑星凭借着多年来在舞台上和电视荧屏中的出色表演，早已被电视观众所熟悉。

潘长江是家喻户晓的笑星，作为历届春节晚会的常客，他的小品和嘹亮的嗓音成了他的两大法宝。“能演、能唱、能跳、能翻”成了他的标志性评语，演艺和歌唱俱佳的他拍摄了不少MTV、电影和电视剧。

而香港的曾志伟——这个胖墩墩的搞笑高手、香港娱乐界“大哥”，以他160厘米的身高和其貌不扬的长相在香港演艺圈沉浮30年，不仅出演过多部喜剧，在荧屏上塑造过不同类型的角色，也是香港主持界数一数二的大哥级人物。

鸟儿的美丽在五颜六色的羽毛上，人的美丽在内心，又如培根所说：“许多容貌俊秀的人却一无作为，他们过于追求外形的美，而放弃了内在的美。”人们不要一味地追求外形的美，更不要因自身的生理缺陷而自暴自弃或自己看不起自己。

美国有一个名叫艾柯的年轻人，他很喜欢唱歌，但他天生长有两颗龅牙。

为了掩饰自己的缺陷，艾柯每次登台演出时，都用手捂住自己的龅牙，结果严重影响了声音的质量。因此，艾柯被评为最不受欢迎的歌手。

受到打击后的艾柯虽然痛恨自己的龅牙，却又无可奈何，只好终日借酒消愁，不想再唱歌了。

一天，潦倒的艾柯正在一家酒吧喝酒时，一位年老的先生走了过来，对他说：“孩子，长有龅牙的确是一件令人不愉快的事情，但龅牙不是罪过，你不妨把它当成自己的特殊标志，而不必刻意去掩饰，你应该尽情地张开嘴巴。观众看到你真实大方的表演后，我相信他们一定会喜欢你的。”

艾柯接受了老先生的忠告，不再为自己的龅牙而感到苦恼。他慢慢地变得豁达与开朗起来，心灵的空间不再有失望与悲观，生活得也越来越快乐。他还为自己编了下面这首歌曲，作为每次登台演出的保留曲目。

我是龅牙，我是龅牙，长了龅牙别害怕。龅牙可以刨地瓜，下雨可以遮下巴，喝茶可以隔茶渣，野餐可以当刀叉。你说龅牙是不是顶呱呱，顶呱呱。

这首歌虽有自嘲之意，但歌词诙谐幽默，深受观众的喜欢。对生活没有失去信心与希望的人，更会时常激励自己。

美国一位著名电视主持人右手只有四个手指。在他成名之前，他曾到许多地方求职，但都被拒之门外。当他终于得到机会作一次试验性主持时，他毅然摘掉了仿手套，把自己真实的右手展现在广大观众的面前。结果，这种真诚、自信而热情的风格赢得了观众的赞赏，其生理缺陷不但没有成为成功的障碍，反而与他的魅力联系在了一起，变成了他独特优势的一部分。

维纳斯女神像之所以经典，便是其具有独特艺术风格的缺陷美。平常人们追求的都是完整与圆满的美，而断臂的维纳斯却向人们展示了另一种美，一种让人浮想联翩的美，神秘而神奇。如果维纳斯拥有完整的双臂，人们对它的完美只可欣赏，只可赞赏，却不能心存一丝的怀疑和联想。

世上没有十全十美的事物，这样那样的缺陷无处不在地伴随着我们的人生。“万事如意”，其实只是美好的祝愿而已，“不如意事常十有八九”，往往才是千真万确。在许多人看来，最不如意的大概就是伴随终生的生理缺陷——先天的残疾、容貌的遗憾，而后来的损伤、意外的灾祸，也可能造成挥之不去的缺陷。缺陷，是一种客观存在，就像那位美国主持人的手，无可回避。

有时我们羡慕别人所拥有的，抱怨上帝没有将好运带给自己，其实，上帝是公平的，给予每一个人的欢乐与痛苦都与他的付出息息相关。当你正在羡慕别人拥有自己缺少的东西时，不要忘了那些你已经占据但没有被挖掘的资本。上帝对每个人都是平等的，我们每天看到的太阳，是属于每一个人的。既然人的一生都难以完美，那就像接受美一样接受缺憾，不也很好吗？

懂得分享的人更幸福

一位老禅师在院子里种了一株菊花，第三年的秋天，院子成了菊花园，香味一直传到了山下的村子里面。凡是来寺院的人们都忍不住赞叹："好美的花儿啊！"

有一天，村子里的人开口向老禅师要几株菊花种在自己的院子里，老禅师答应了，并亲自动手挑拣最好的菊花送给村子里的人。于是，消息传开了，前来要花的人接连不断。在老禅师的眼里，这些人都是那么的知心和亲近，所以凡来要花的人都给。没几天，院子里的菊花就被老禅师送得一干二净。

没有了菊花，院子里就如同没有了阳光一样寂寞。

秋天的最后一个黄昏，弟子看到满院的凄凉，忍不住说："真可惜，这里本应该是满院的花朵与花香的。"

老禅师对弟子笑着说："你想想，这岂不是更好吗？三年之后，将是一村的菊香。"

"一村菊香！"弟子不由地得一热，看着师父，只见他脸上的笑容比开得最美的花儿还要灿烂。

老禅师告诉弟子说："我们应该把美好的事与别人一起分享，让每一个人都感受到这种幸福，即使自己一无所有了，心里也是幸福的！这时候我们才真正地拥有了幸福。"

舍得一株菊花，却可以得到一村的菊香。老禅师把美好的东西拿出来与别人一起分享，当别人脸上洋溢着笑容时，他感到很欣慰，因为他明白与别人分享幸福比自己占有幸福更幸福。而随着时间的流逝，老禅师换来的不只是别人的收获，还有自己种下的善缘。

人们常常为自己设立目标：几年之内，我要买大房子，赚多少钱，有多么大的事业，几年之内完不成，我的人生就无望了。在这样的目标下，开始每天马不停蹄地忙碌开来。因为忙碌、冷淡，已经忘记了与人分享，也更不能体会其中的乐趣了。

一名年轻的住院医师——杰克，在接受培训的第四年，在纽约市五个行政区之一的史坦顿岛的一座疗养院里工作。在这次为期两个月的轮换工作期间，他所有的病人都是老年人，其中许多人被扔到这里之后就被遗忘了。长期以来，遭受遗弃一直是老年人最害怕的事情之一。杰克一般在最后诊疗自己最喜欢的病人，这样就可以多花一点点时间来陪伴他们，也留下了难以忘怀的回忆。

“今天感觉怎么样啊，霍姆斯先生？”埃默森·霍姆斯是一位瘦弱的99岁老人，他一直靠自己生活，直到患上了带状疱疹，极其痛苦，也很难得到有效治疗。

“时好时坏。”他说，“但是那么多人都去见上帝了，我有什么可抱怨的呢？只希望我不会太快成为他们中的一个。”

杰克立刻意识到他不像惯常的那样愉悦了。这完全可以从他的声音里听出来，而且他的肢体语言也将他的感受告诉了杰克。

“如果这世界上有什么你需要的东西，我能够带来让你开心的话，我很乐意效劳。”杰克说道。

霍姆斯先生将目光从窗口收回来抬头看着杰克，仿佛杰克站在他的床上一样。阳光在他的镜片上闪耀，使得他灰色的眼睛看起来像破碎的玻璃。他像往常一样慢慢地微笑起来。

“世界上有什么东西让我开心？”他轻声地重复着，“这可真难说。”

“说说看。”杰克以为他会说出是钱或是回到35岁，或者是某种特别的食物——他在疗养院待了这么久之后一定会有些怀念，病号餐可并不是这里的亮点。

“也不是什么过分的要求，”他说着，翻过身对着窗户，他的脸完全暴露在阳光下，“一件很简单的事情。我想见见我的孩子和孙子们。我想让他们来看我，我就可以告诉他们，我有多想念和爱他们。尤其是那些小家伙们。我可不想让他们把我给忘掉了。”

“他们为什么不来看你呢？”杰克问道。

“因为人人都很忙，”他说，声音变得有些沙哑，“比起到疗养院看一个等死的老人，在他们生活中，有许多更重要的事情要做。”

霍姆斯脸上表露出的极度痛苦的表情和言语中流露出的渴望，这些年来一直牢牢地留在杰克的记忆里。一个正在走向生命尽头的老人，孤独地被遗弃在拥挤的疗养院里，他所希望的就是和他最爱的人们一起度过一点时光。

人生的快乐何尝不是因为能同别人分享而变得加倍！悲伤能向别人倾诉，而更容易随风而逝。生活是彩色的，但是很多男人把大量的时间放在努力赚钱养家，心想赚够钱让妻子拥有美好的生活，后来发现钱永远都是赚不完的，妻子却没了，反倒失去了自己的生活。因为妻子无法忍受无数个凄凉孤单的日子，所以决定去追求自己当下的快乐。其实，生活中点点滴滴的分享，虽然很朴实、微不足道，却是夫妻相守不能忽略的一个秘方。

一个灼热的黄昏，妻子正为了炒菜做饭忙得不可开交，丈夫也跟着团团转，他想对妻子有所帮助，其实他什么也做不了。妻子虽然明白他是好意，但看着他在一旁转来转去，总觉得碍手碍脚的，这让她非常烦躁。正当妻子火气很大的时候，丈夫朝着窗外望去，突然喜出望外地对妻子说："亲爱的，快来看，快来看，天空好漂亮呀！"

妻子听了就更不耐烦地说："等一下！你没有看到我现在正忙吗？"

妻子说话的语气好像在责怪他没有帮忙，还在偷懒，其实妻子根本不需要他的帮忙；听完妻子的话，他也不开心地安静下来了。五分钟过后，妻子觉得自己的态度太不好，便走过去问他要她看什么。

他这时才说："五分钟前满天的彩霞好漂亮，现在已经没有了。"

妻子随着他的手指往窗外看，一片昏黄的夕照将天空染成淡黄色的，实在没什么稀奇，便回过头继续做自己的事，这个黄昏就这样过去了。

几天后的一个清晨，妻子起床准备早餐。依照惯例，她拉开窗帘，打开窗户，突然看到满天层次分明的彩云，一层淡紫，一层粉红，边缘还镶着淡淡的金光，延伸到天边才渐渐淡去。

面对着天然的神奇画面，妻子有一种感动，本想与丈夫一起分享这一份感动和美好，但时间还早，她不想打扰他睡觉，便想等一下再说吧。结果刚转过身，再回过头来，天空已经完全改变了，刚才那幅美景已经不见了，这时即使叫醒丈夫，也来不及欣赏那样神奇的美丽了。

妻子若有所失，怅然地离开了那扇窗子。就在那一刹那，她想起几天前丈夫要她看窗外满天的晚霞，却因为自己的不耐烦，错过了人间的美景，想必当时他的心情与现在的自己一样怅然若失吧！

当我们看到或经历到任何美好的东西时，却总是错过了与人分享的时刻，特别是我们喜欢的人，或许是因为当时某一方心情不好，或许是因为对方不在身边，或是其他的任何理由，使我们错失了分享的机会，害怕分享、无法分享、不懂得分享抑或拒绝分享、不愿意分享等。总之，人们之间的关系渐行渐远了，慢慢习惯禁锢在自己的世界里，也就无法体会到一村菊花的芳香了。

一起分享花开日落的美丽，能增进人们之间的了解、关怀与爱护。分享在更多时候是一种心灵的沟通。如果不懂得把握机会，不利用好时间，生活中的美丽便会稍纵即逝，再也不会复返。

别让时空观阻碍你的生活

上苍赐给人们一份最公平的礼物便是时间。时间并不能像金钱一样让我们随意储存起来，以备不时之需。人生在世，时间对任何人都是相同的。在同等的时间里，有人早早地拥有了自己该拥有的，有人却在掂量、计算中消耗掉本该属于自己的。一位哲人说得好：“天下并不缺少有才智的聪明人，但他们的复杂往往使他们干不成事，最缺的倒是一步不停、勇于实践的简单者。”

意大利著名的指挥家、大提琴演奏家阿尔图罗·托斯卡尼尼一生到过很多地方，指挥过无数的乐团，也见过数不清的达官显贵。在托斯卡尼尼80岁的时候，他的儿子曾好奇地问他：“您觉得一生中做过的什么事是最重要的？”

托斯卡尼尼说：“我一生之中最重要的事情，就是我现在正在做的事。对我来说，不管是去指挥一个交响乐团，还是在沙发上剥一个橘子，都是重要的事。”

“一生之中最重要的事情，就是现在正在做的事。”对任何人来说都是一样，不管大事小事，只有做好了才是一种成功；做好每一件平凡的事，这本身就是一种不平凡。

“天空中不留下鸟的痕迹，而我已飞过。”时间难以成为永恒，而你的生活却可以保持一种悠然、自在，不为时间所动，不被淹没在千篇一律的忙碌里。

一位专栏作家曾这样描述过一个美国普通上班族的一天：

7点铃声响起，开始起床，洗澡，穿上职业套装——有些是西装、裙装，另一些是大套服，医务人员穿白色的，建筑工人穿牛仔和法兰绒T恤。吃早餐（如果有时间的话）。抓起水杯和工作包（或者餐盒），跳进汽车，接受每天被称为高峰时间的惩罚。

从上午9点到下午5点工作……装得忙忙碌碌，掩饰错误，微笑着接受不现实的最后期限。当“重组”或“裁员”的斧子（或者直接炒鱿鱼）落在别人头上时，自己长长地松了一口气。扛起额外增加的工作，不断看表，思想上和内心的良知斗争，行动上却和老板保持一致。再次微笑。

下午5点整，坐进车里，行驶在回家的高速公路上。与配偶、孩子或室友友好相处。吃饭，看电视。8小时天赐的大脑空白。

这段描写中那种机械无趣的生活离我们并不遥远。我们和美国普通劳动者一样，每天都在忙碌着，置身于一件件做不完的琐事和想不到尽头的杂念中，整天忙忙碌碌，丝毫体验不到生活的乐趣，这个时候，我们就需要抛开一切，让自己闲一段，这样，你就会重新找到生活的意义和乐趣。

第二次世界大战时，丘吉尔有一次和蒙哥马利闲谈，蒙哥马利说：

“我不喝酒，不抽烟，到晚上10点钟准时睡觉，所以我现在还是百分之百的健康。”丘吉尔却说：“我刚巧与你相反，我既抽烟，又喝酒，而且从来都没有准时睡过觉，但我现在却是百分之二百的健康。”蒙哥马利感到很吃惊，像丘吉尔这样工作繁忙的政治家，如果生活这样没有规律，哪里会有百分之二百的健康呢？

其实，这其中的秘密就在于丘吉尔安排自己的时间上，不论多忙，他都能坚持经常放松自己，让心情轻松。即使在战事紧张的周末他还是照样去游泳；在选举战白热化的时候他还照样去垂钓；他刚一下台就去画画；工作再忙，他也不忘在那微皱起的嘴边叼起一支雪茄放松心情。

伟人尚且如此，平凡人更应该找到你的生活节奏，将时空放大。时间本身是个定数，一个小时就是一个小时，一天就是一天，对于每个人都一样。但是我们在不同的心境下，感觉会有千差万别。快乐的时候时间总是飞逝而过，痛苦的时候就感觉度日如年，其实，产生这么大区别，是因个人心理期盼不同。

痛苦的时候，我们盼望着苦难快一点过去，而越是盼望着时间快一点过，眼巴巴地看着秒针“滴答、滴答”地移动着，就越感觉时间过得缓慢；等人的时候，也是如此，我们越是焦急地盼望对方快点到来，就越觉得时间过得太慢。客观事物都是相同的，不同的感受来自我们不同的心态。

痛苦会拉长时间的长度，这是一种情绪规律，了解到这一规律，我们应该积极地去做一些事情，比如翻翻平时没来得及看的书，听听喜爱已久的歌曲，从中找到积极的方式去化解这些痛苦，而不是让坏情绪一天天积累。已经错过了，已经失败了，就不要再用不好的情绪继续困扰自己，这样不利于我们重新振作，相反，只会熬干我们的热情和耐心，让生活失去了滋味。人们的情感、思维方式、生活方式、个人成就、人际关系等随着社会的不断变革和生活节奏的加快都在发生变化，现代社会中的人们面临的各种压力空前巨大，处理不当就会引发各种心理问题。

毕业于某名牌大学的李媛，在一个跨国大公司里已经工作了五年，她凭自己的优秀能力成为了一个部门的主管。有着一份令人羡慕的工作和薪水的她，可情绪却日益焦躁。她觉得头顶有块玻璃天花板，挡住了自己上升的道路。因为在跨国大公司，一位中国女性能坐到现在的位置已经很不错了。她认为今后只会一直停留在这个层面上，明天、后天，对于自己来说，都是一样的，因此，一天又一天，她的生活了无生机。

小郑是一个洗涤用品公司的高级销售人才，月薪上万元。别人都很羡慕他，认为他应该活得很满足，可小郑却像个“怨妇”一样，整天抱怨，牢骚满腹。其实他也不知道自己为什么抱怨，想抱怨什么，可就是心情压抑、郁闷。甚至每天在去不去上班这个问题上都要挣扎半天，痛苦不堪。现在的工作对他而言像是一块鸡肋，嚼之无味，弃之可惜。

为什么？为什么我们会感觉自己的生命毫无生机、永无停歇，像时钟那样极其规律、单调地走来走去？到底是我们在驾驭生命，还是生命驾驭了我们？

工作了多年的人，会感觉自己的时空骤然变小，除了工作还是工作，当家庭和其他事情蜂拥而至的时候，自己似乎已经被狭小的时空弄得快要窒息。不妨抛开一切事情，什么也不干，一旦养成了习惯，你的生活将得到很大改善，把你从混乱无章的感觉中解救出来，让头脑得到彻底净化。你可以从每天抽出一小时，一个人静静地待着，什么也不做，当然前提是，你要找一个清静的地方，否则如果是有熟人经过，你们一定会像往常那样漫无边际地聊起来。也许刚开始的时候，你会觉得心慌意乱，因为还有那么多事情等着你去干，你会想如果是工作的话，早就把明天的计划拟订好了，这样干坐着，分明就是在浪费时间。可是，如果你把这些念头从大脑中赶走，坚持下去，渐渐你就会发现整个人都轻松多了，这一个小时的清闲让你感觉很舒服，干起活来也不再像以前那样手忙脚乱，你可以很从容地去处理各种事务，不再有紧迫感。你可以逐渐延长空闲的时间，几小时、半天甚至一天。

忘记无始无终的时空观念，对现有的生命悠然受之，天冷了就添衣，天热了就脱衣，受而喜之，才能顺其自然，这才是我们能够并且必须去把握的。

多一点中庸，多一分智慧

提起“中庸”这个词，许多人并不陌生。它在中国古代可以说是一个至高的行为标准，它是最合适的“度”，过犹不及。但是，现在很多人往往都曲解了中庸的意思，认为中庸就是平庸和圆滑，中庸之道就是和稀泥。

其实，这是完全不对的。“中庸”这两个字，最早出现在《论语》：“中庸之为德也，其至矣乎！民鲜久矣！”意思是说，孔子认为中庸是一种高尚的道德，是一种做人的智慧。多一点中庸之道，就多了一分为人处世的智慧，就会收获一种幸福。中庸做人的道理，其实不仅仅是政治家所需的智慧，也是社会不同阶层的每个人为人处世所需要的人生智慧。

丽丽在单位里人缘不是很好，因为她个人很直，特别容易得罪人。有时候，她认为无心的一句话，却让同事们都感到很难堪。而且她凡事都喜欢斤斤计较，从不主动帮助别人。

春节就要到了，单位又开始分发礼品。正巧丽丽不在，同事们就把她那份留在了一边。丽丽回来后，看到自己的东西好像比别人的少，就认为是同事们故意给她留了一份少的，非常生气，口不择言，在办公室里大声吵闹，而同事们都不答理她。

中庸做人，避免出现走极端、走偏锋的情况，懂得适度、适中、适可而止。这样才能在做事的时候减少阻力，才能把事情做成、做好。中为本体是方法，庸为实用是实行。中庸就是说要用于中、行于中。《南华经》中说："庸就能用，用就能通，通就能得。"或许，人们做不了急流勇进的斗士，那何不中庸一点？明哲保身，未尝不是一种幸福！

俗话说，"道有道法，行有行规"，做人也是这样。中庸做人不是无所作为，中庸做人是以平和的心态去对待人和事，这样做事才能够左右逢源，打开成功之门。中庸做人的本质就是行当行之事，避免极端，这样才能左右逢源，为做人减轻阻力，让所有的力量都成为成功的动力。

中庸做人是一种美德，是一种为人处世的智慧，只有懂得中庸做人，才能妥善地对待世间的人和事，才能让自己立于不败之地。

宋代的韩琦，曾和范仲淹一道推行新政，在北宋时期，韩琦曾担任宰相多年。

有一次，韩琦在定武率军驻扎。在夜间办公的时候，一名侍卫手持蜡烛为韩琦照明。谁料，那个侍卫走神了，结果蜡烛烧了韩琦鬓角的头发，韩琦什么也没说，只是赶紧用自己的袖子蹭了一下，继续忙于公务。

过了一段时间，他发现，拿蜡烛为他照明的侍卫换了。韩琦担心侍卫长教训那个侍卫，于是，赶忙找人来，并对侍卫长说："不用替换他，因为他已经知道该怎么拿蜡烛了。"

这件事很快在军中传开，将士们知道这件事后，非常敬佩韩琦的大度。按照常理来说，侍卫拿蜡烛照明时走神，以致把统帅的头发点着了，这本身就是失职之罪，韩琦责备一下也是理所当然的，即使不责备侍卫，韩琦也应该喊一声。但是，他忍着疼没有发出任何声音，而且还担心侍卫受到惩罚，为侍卫脱罪。与其说这是一种大度胸怀，不如说这是一种做人的智慧，事情虽小，但是，影响却很大，将士们知道这件事后，谁不愿意为这样的主帅卖命呢？

还有一次，在韩琦镇守大名府的时候，有人献给他两只名贵的玉杯，这两只玉杯，表里一致，没有任何瑕疵，堪称稀世珍宝。韩琦非常喜爱这两只玉杯，赏给献宝人很多银子。在大宴宾客的时候，韩琦总会专设一桌，摆放那两只玉杯。

但是，一次酒宴上，一个官吏不小心把玉杯碰到地上摔碎了。当时，很多官员都惊呆了，碰坏玉杯的官吏更是被眼前的一幕吓傻了，跪在地上请求韩琦治罪。但是，韩琦却没有表现出丝毫的不快，而是笑着说："凡是宝贵的东西，都有一定命运的，别人没送我的时候，它们不一样在地下埋着吗？该坏的时候，谁也保不住。"说完又对跪在地上的官吏说："绝非故意碰掉，那又有什么罪呢？"韩琦此言一出，立刻赢得了众人的敬佩，而碰碎玉杯的官吏对韩琦更是感激涕零。

纵观韩琦的一生，无时无刻不处于危险之地，但是，却一直平安无事，一直立于不败之地，他有什么秘诀吗？正如他所言："天下所有的事，不会有完全让你满意的，一定要用中庸的眼光来看待。如果不能这样，凡事苛求完美，那肯定连一天也难过下去。哪怕跟小人在一起，也要以诚相待。知道他是小人，就要少来往，不要得罪就行了。"这就是韩琦中庸做人的智慧。懂得宽容别人，也能获得别人的宽容、理解和支持。

做人不可强出风头，孚众望、得人心，这是需要日积月累的。很多人都在盯着你，只有做到凡事忍让，待人宽厚，不出风头，小心谨慎，才能赢得别人的好感。

有句形容大度弥勒佛的话叫做“大肚能容容天下难容之事，笑口常开笑天下可笑之人”，姿态之高，令所有人神往。所以，每个人都应该学会微笑着面对生活，对人、对事要多一分宽容与大度。只有懂得宽容，才会懂得感恩，一个懂得感恩的人，才会体会到生活的幸福。

总之，中庸做人，才能赢得人心、众望所归，做事才能最大限度上减少阻力，才能把事情做成做好。人生在世，更应有崇高的理想和宽阔的胸怀；待人及物应不拘小节，为区区小事而耿耿于怀不但徒增自己的烦恼，而且还于事无补。其实，不管是处世还是做事，只要人们能有一个雍容大度、坦坦荡荡的胸怀，路就会越走越宽。相反，如果处处针锋相对、睚眦必报，结果只会落得一无所成，自然也就脱离了此生终极目的——幸福。

假装快乐，封锁幸福的防线

假装快乐，虽然能让我们的内心得到片刻的满足，但是，实际上它只是我们逃避现实、逃避恐惧的临时去处，既不能真正让我们幸福起来，在无形中又将心门封锁。难道真的要永远做一名逃兵吗？真的要向心魔缴械投降吗？其实，虚假的快乐，不过都是虚幻。释放内心，幸福便会降临。

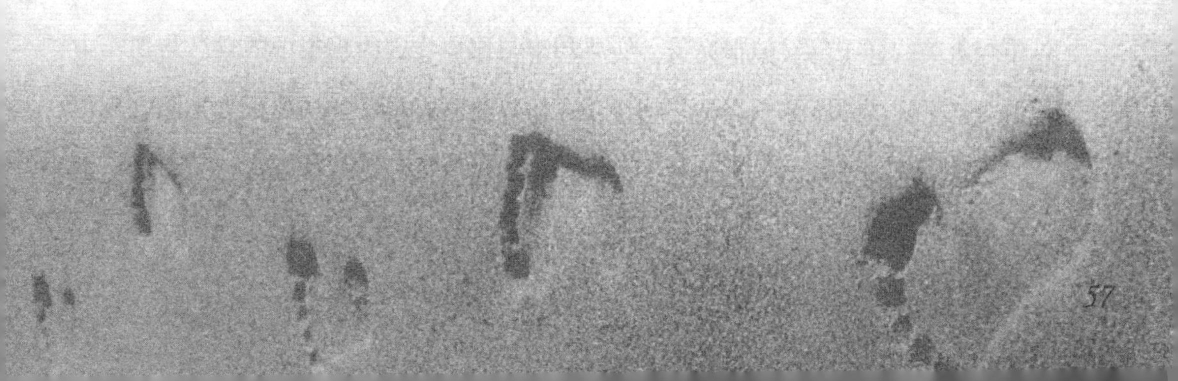

造成平庸的凶手——伪快乐

有些人为了掩饰真实的生活状态，而让自己假装快乐。为了让大脑和心灵能够快速回到快乐、安宁的状态，聪明的大脑为这些人找到了一条解除内心不快乐的捷径——伪快乐。这些人的内心是以追求快乐为首要原则，如果放入的是伪快乐，他们就像服用了兴奋剂一样，能够迅速获得“快乐”，但是这种“快乐”并不是真实可靠的。

既然伪快乐不是真正的快乐，要不要和伪快乐划清界限呢?

有这样一幅漫画，里面画的是：一个肥胖无比的女人站在镜子前，她从镜子里看到的自己却是一个身材苗条、年轻貌美、亭亭玉立的女人。这不只是一幅富有想象力的漫画,其实也是很多人生活状态的真实写照。也许有人会说：“画中的镜子就是传说中的魔镜吧？要不然那面镜子怎么可以把一个那么胖的人，呈现得如此完美呢？”其实这并不是镜子有魔力，而是女人的思想使镜子中的自己发生了变化。每个人都具备一种思想魔力，能让现实发生一定程度的变形。那么伪快乐究竟是怎样潜入人们的脑海并使有些人变得平庸呢?

镜子中所呈现出的那位女士的完美形象，就是伪快乐的真实写照。那位女士依旧是那样的体型，但她把自己肥胖的现状解读成自己并不是很胖的人或者自己是有苗条潜质的女人，自己随时都可以变成镜子里的样子。这样想象的美妙便在于可以使肥胖给她造成的内心冲突暂时消失，让自己对自己肥胖的事实视而不见。在这样的情况下，她从镜子中看到的自己，就是理想中身材苗条、年轻貌美的样子。看似很完美，结果却事与愿违，因为理想中的自己与现实中的自己之间的差距依旧存在。伪快乐可以促使站在镜子前的那位女士心安理得地接着吃、接着睡，但是对她来说，理想中的自己和现实中的自己的差距会越来越大，最终成为一条不可逾越的鸿沟。

这就像在生活中，把自己不受别人欢迎的种种行为，或是把理想中的自己和现实中的自己之间的差距，通通都解释为事出有因，或者是迫不得已，或者是这些行为有其好的一面等，这样能换取有些人的心安理得，把自己理想中的形象和现实中的自己之间的差距忽略掉，自己的形象立马高大起来。于是，这些人缺少了动力，缺少了清醒，缺少了行动。

如果那位女士认清自己身材臃肿的事实，那么镜子里呈现的就是她自己真实的样子，而不是被美化过的完美形象。这虽然有些残忍，却能促使她客观地面对自己肥胖的事实，并且会督促她针对肥胖这一现状采取积极、有效的行动，最终缩小她与自己理想中形象的差距，使她获得真正的快乐。但是当她面对自己的肥胖时，也有可能管不住自己贪吃的嘴，抬不起自己沉重的腿，无法实施积极的应对措施让现状得以改善。因为积极、主动的行动，并不能立竿见影。远水解不了近渴，改变需要一个过程，所以，思想又慢慢转移到伪快乐上了。

有些人宁愿沉迷在伪快乐中，在自我思想的世界里，玩着自娱自乐的游戏，给自己营造一种一切尽在掌握中的美好感觉。实际上，伪快乐加大了自我和现实之间的差距，使他们的理想遥不可及。

当有一天人们挤进地铁车厢，忽然意识到车厢里的风扇已经被空调替代，而今天的自己和五年前的自己并没有什么两样；当人们看到迎春花又开，而自己的生活却一如既往地没有什么色彩；当人们看着镜子里那个已经不再天真的自己，除了迷惑的眼神和不在的青春，再也找不到更鲜明的变化。人们不禁会诧异是什么把自己带到今天这个地步的。尽管一直以来的伪快乐会转瞬即逝，但是会让人们全然地感受当下，全情投入地去追求真实的幸福。

有一个很爱玩游戏的朋友，晚上总是玩游戏到很晚，导致眼睛发炎和腰肌劳损，因而被迫停止了工作。

同事见过他玩游戏时全情投入的痴迷状态，跟他开玩笑说："你上班时就像在点爆竹，随时要跑；玩游戏时就像在冬天沐浴着春天的阳光，心醉神迷。"

朋友也曾无数次地劝过他："这样下去对身体不好，白天已经在电脑前'烤'了一天了，晚上还要继续，眼睛非瞎了不可。"

他倒是很会为自己开脱："玩游戏可以锻炼大脑的灵活性；玩游戏是年轻人的时尚；玩游戏是排减压力的好方法……"总之，他那冠冕堂皇的解释可以用筐盛，可以用车拉。

一次，他搬家时，有张大床要搬走，但是屋子的空间比较狭窄，搬家公司的人怎么也不能把床搬出去。

他看得不耐烦了，上去指挥那些人，居然七扭八拐地就把床抬出了屋子。

事后，他得意扬扬地说："看到了吧，这就是玩游戏的好处。像你这样不玩游戏的人，是不会想出这种办法的。"

朋友揶揄他说："你要是开个搬家公司，三年后，一定可以上市。"

虽然是个玩笑，但不难看出他是怎么处心积虑地维护自己迷恋玩游戏这件事的，他总想证明自己的伪快乐没有错，因为他看到了事情积极、正确的一面，而那些质疑和劝告他的人，只是看到事情消极、错误的一面。

人们有时会听到嗜酒成性的人对自己酗酒行为的解释：高兴时酒可以助兴，忧愁时酒可以消愁；喝酒可以广交朋友，有利于办好公事以及私事；不喝酒就不像男人，不喝酒就不够兄弟情义……这些都是因为他们从酒精中找到了伪快乐。

如果他们承认喝酒会使自己的血脂越来越高，会引发心脏病、肝硬化或慢性胃炎等身体疾病，另外还会使他们容易情绪化，酒后驾车更是违法的事情，那么他们该怎么做呢？

可想而知，接下来他们需要花大量的时间与酒对抗。这将是一个漫长的过程，也将是一个很难熬的过程。相对而言，对自己这些坏习惯进行合理化解释就简单得多。只需大脑作简单的反应，不费吹灰之力，他们就可以将这些恶习视为不存在，这样就可以继续享受这些恶习带来的伪快乐，同时还可以维护自己的良好形象。

伪快乐虽然能让心中的冲突暂时消失，但是它不会让人们产生什么实质性的改变。有些人在自己思想的世界里兜一圈回来后，还是会和现实撞在一起，会再次发现现实依旧是那样，没有丝毫改变，冲突又会重新爆发。

有些人在不知不觉中认同了自己所做的一切，就像个手里永远拿着灭火器的消防员，顾此失彼地终日忙碌着奔走于各个火点之间，直到这把火烧光了自己的人生，还不知所为。捕捉伪快乐只是治标不治本的徒劳，最终的结果是他们不知不觉地在原地打转。回头看看，他们什么有意义的事情也没做，只是一味地在自我的思想游戏里取悦自己。只有停止这种思想游戏，才能看清自己和现实，才能让自己有所长进。

无中生有造成虚幻人生

有些人总企图用无中生有的事物弥补自己的不足，把理想中完美的自己呈现给别人，认为这是对自我形象的维护，殊不知这种无中生有的方式，只能证明自己不是一个优秀的人，只能证明自己对自己的现状不满，只能告诉别人自己距离理想中的样子还差得很远。这样做是在对抗真实的自己，逃避做真实的自己。

伪快乐使有些人迷失了自己。当迷失在伪快乐中时，人生就被带入了一个虚幻的误区，人生价值、人生意义也一同迷失在其中。人们的一切行为都是为了实现某种目的，而有些行为却成了有些人自我实现的局限。在伪快乐中他们压制和拒绝做真实的自己，这是他们对目的的妥协。他们与真实的自己渐渐疏远，忘记了自己的真实感觉，不知道自己究竟喜欢什么、排斥什么、相信什么。为了获得伪快乐，他们可以把自己的真实需求丢在一边。这真算得上是让快乐与自己“分身有术”。

一个偶然的机会，丽丽在QQ上联系到了多年没见的表哥。小时候，丽丽家和表哥家在一个村子，后来，表哥家搬到了省城。大学毕业后的表哥一直在北京工作，很少回老家。

丽丽：“表哥，能联系到你太好了。我们都十几年没见了，你现在在北京做什么工作呢？过得怎么样？”

表哥：“是啊！十几年没有联系了。我现在自己开个公司，平时搞点儿创作。最近想把公司低价出售给别人，打算买套房子。你过得怎样？”

丽丽：“我在老家这边的一个公司做文员，早九晚五地瞎忙。看来你混得不错啊！”

表哥：“还可以吧！这不刚把自己的车卖了，想换一辆奥迪A4或Q5。”

丽丽：“啊！那么厉害啊？那你现在住哪儿啊？”

表哥：“我住的地方是北京比较繁华的地段。原先租了个两居室，最近刚换了一个小一点儿的房子。可能过段时间会买新房子。”

和表哥聊完天后，丽丽羡慕得不得了，对表哥佩服得五体投地。丽丽兴奋地告诉爸爸妈妈，谁知，丽丽所说的表哥和妈妈所知道的表哥好像不是一个人。别说车了，表哥连驾照都没有，考了好几遍，还没拿到。他只是在一个设计公司做销售员，每天到处跑，哪有什么公司。他住在通州和别人合租的房子，房间小得只够放下一张单人床。丽丽想不明白，表哥为什么要骗自己呢？

那是因为对表哥来说，周围的人们都在玩着无中生有的游戏。毕业后同学聚会，每个人毫无例外地在显示着自己：工作、房子、汽车、存款……拥有这些的人扬扬自得，而没有的人则自惭形秽。所以，表哥对优越感有了迫切的需求之后，便赋予了自己无中生有的魔力。我们总企图让自己看起来完美无缺，因而把自己美化得无懈可击。

表哥的无中生有是为了打造一个良好的虚幻的自我。在他将那些无中生有的事情呈现给别人时，他就向别人呈现了一个完美的自己，同时为自己营造了无限膨胀的优越感。这看似为自己树立了一个尽善尽美的形象，实质是为自己掘了一个陷阱，而且将自己推向了痛苦的深渊。一个谎言往往可能需要一连串的谎言掩饰，接下来他要做的工作，就是制造一连串的谎言维护最初的谎言，花更多的精力去维护自己无中生有的事情，像参加化装舞会，浓妆艳抹、戴着面具不让别人看到真实的自己。

虚幻的人生就像一个个肥皂泡，美丽而不长久，轻轻一碰便会破碎。

秦明是个阳光、帅气的小伙子。已经跨入30岁门槛的他，感情并没有如愿以偿地偕同自己跨入人生的新阶段，他至今依旧没有找到合适的女朋友。

他经常跟公司的同事讲述，前女友不但家庭条件非常好，而且对他也很好。秦明和前女友的那些故事全公司的人都知道——他的女朋友会开车到公司门口等他下班，他们会去西餐厅吃饭，会一起去看大型演出，还会一起到海边漫步……他的这一切的幸福生活都结束于女朋友出国。

后来，他公司的同事发现一个规律，秦明和曾经交往过的四个女朋友都没有修成正果的最终原因，都是女朋友飞到了国外。其实他的女朋友都是普通女孩，也没有出国。他只是想借助过去往自己脸上贴金，不想让别人觉得他是个感情失意的人。

很多人在描述过去的男女朋友时，都会不自觉地添油加醋，想以此来抬高自己的身份。和对自己前任男女朋友的描述一样，这些人喜欢把自己过去的一切都描述得风光无限。比如，自己在学校是多么讨老师喜欢；自己在事业上曾获得过多么辉煌的成就；自己是如何吸引了异性的目光……

有些人总能积极地用自我吹捧的方式，重新构建自己的记忆，把过去平淡无奇的自己诠释得出类拔萃和不同凡响，从而暗示今天的自己依旧那么优秀，富有价值。

这些人总能记得，过去那些让自己“愉快”和“有成就感”的事情，而往往想不起那些让自己尴尬和有挫败感的事情，即便能够想起来，也会将其解释为好的。

一个很喜欢弹钢琴的朋友，很有实力，琴弹得也确实不错。

有一次，她对朋友讲述了参加全国钢琴大赛的事情。那次钢琴大赛她只取得了第九名的成绩。

她说：“那次钢琴比赛的参赛选手，个个都是高手。而我没有参赛经验，过于紧张了，以致发挥失常。其实只差一点儿，我就可以杀进前三名了。”

“差一点就成了”成了有些人对失败的经历作出的习惯性的解释，而看不清失败的事实。于是，这些人心安理得地面对挫折、失利，这类解释冠冕堂皇地成为一切的借口。人生如戏，何不编织得完美一些、光彩一些呢？

可是，人生并不是戏码，过去了就不能重新彩排。无中生有的虚幻不是一劳永逸的魔法，总是会有失灵的时候。当那层幕布被揭开的时候，不管别人看到没看到，你都掩饰不了缺陷、伤疤、疼痛，你费尽心思地遮挡，反而欲盖弥彰，终究换来的是无和空。

逃避恐惧真的能带来安全感吗

大多数时候，恐惧只是人们对事物的扭曲想法，但这些想法却在很大程度上左右着人们的行为，甚至一生。

有这样一段话讲的是："我们所不得不畏惧的唯一东西，就是畏惧本身，这种难以名状、失去理智和毫无道理的恐惧，麻痹人的意志，使人们不去进行必要的努力，它把人转退为进所需的种种努力化为泡影。"恐惧，真的有如此大的作用？

林先生对开车有一种说不出的恐惧。一提到买车，他就会找到一筐筐不买的合理理由，比如开车危险、养车麻烦、没时间考驾照、开车影响喝酒等。他老婆有驾照，一直想买辆车，可他总是犹豫不决。

有一天，他终于鼓起勇气去买车。去之前给朋友打电话，让朋友帮他去买车。可是，朋友当时正好有事，赶不过去，就在电话里安慰了一番，好让他放心去提车。

过了几天，朋友打电话问他车开得怎么样，他居然说不买了。

朋友惊讶不已，问他怎么没有买。他说："你那天没有过去，我也不会看车，所以就决定不买了。后来想想，还是打车更方便一些。"

多可笑的理由啊。事情已经过去两年了，就是这么简单的一个理由，让他直到今天也没有开上车。

如果人们不想走出自己的熟悉地带，那么哪怕是一个非常滑稽的理由，都能使人们乖乖地待在原地。逃避恐惧心，就是为能拥有所谓的“安全感”。

小心、谨慎、不怕一万就怕万一，是林先生对待生活的态度，这样他的生活单调、乏味，毫无生气。他现在40岁了，从27岁开始，他就一直保持着一种生活状态，当时他什么状态，现在还是什么状态，只是头发比过去少了，肚子比过去大了，唠叨的话比过去多了，胆子比过去更小了。除此之外，没有其他实质性的变化。

恐惧心理限制人们对新事物的体验，导致人们与所恐惧的事物无缘。但是人们往往误以为，是那些让人们恐惧的事物，限制着人们的行为。其实，围困人们的，只是人们大脑里的恐惧思想，而不是现实本身。这些恐惧思想筑起高高的围墙，将人们困在自己熟悉的地带，让人们走不出去。

这种错觉限制了人们追求理想和幸福的脚步。如果习惯性地依赖这种感觉，那么人们就不能自主自己的行为，生命的品质就会开始下降。如果不知道消除现实中的自己和理想中的自己之间的差距的唯一办法，是直面现实并采取行动，那么就算在自己的大脑里，把自己装扮得像个英雄或是伟人也不过是取悦自己的独角戏。因为大脑所做的这一切，都服务于让自我感觉良好的伪快乐。

小江和小文在同一家公司工作，两个人彼此有好感已经很久了，但彼此都不敢主动表达，都害怕遭到对方的拒绝，让自己没面子。两个人的心中都像笼罩着一团迷雾，挥之不去，又害怕面对。

这天，小江感觉这样下去实在不是个事儿，就想试探一下小文对自己到底是什么态度。

小江说：“你想要找什么条件的男朋友，我帮你介绍一个。”

小文心想：“这么积极地帮我找男朋友，看来我不是他喜欢的那种类型。”于是便说：“哦！真的吗？好啊！”

小江心想："这么爽快就答应了，看来她喜欢的不是我。"便问："那你喜欢什么类型的？"

小文说："好学上进，有责任心……"这说的正是小江啊，但小文最后加了一句："要能在自己喜欢的人面前积极主动的，不然再喜欢也会放凉了。"

小江说："你看我们两个凉了吗？"

小文说："你不是打算帮我介绍吗？"

从小文和小江的这段谈话中不难看出，人们是多么恐惧别人对自己的否定和拒绝。这种心理拦在真实想法之前，让简单的事情变得复杂，让人们在事实面前举步维艰。

心中的恐惧，让人们逃避任何类似被考验的状态。如果不能避开，人们就尽量保持缄默、自制，戴上一副让人捉摸不透的面具，或是让自己成为无懈可击的伪装者，花费很多精力来掩盖真实的自己，让别人无法看穿。人们总是把简单的事情弄得复杂，让人感觉模棱两可和留有余地，这样能够在自己的真实目的被别人发现后有撤退的空间。

孙彤是个未婚的大龄女性，没有稳定的工作，感情也屡次失败，心里非常郁闷。

她认为她的现状都是家庭环境造成的。父母在家庭中的角色以及他们对自己的教育都深刻地影响了她。她的母亲是主治医师，工作很忙，个性也很强。她的父亲是大学教授，慢性子，比较内向。家中大大小小的事情几乎全由母亲说了算。

母亲常提醒她，长大了千万不要找她父亲这样的男人当老公，否则会活得很累。而她父亲告诉她，长大了千万不要做她妈妈那样的女人，得理不饶人，独断专横，没有个女人的样子。她说父母从小就给自己灌输这样的观点，以至于自己现在都不知道该以谁为标准，导致自己现在的工作和感情都不如意。

孙彤将自己在工作、爱情上的失败全归罪于父母，是错误的。在孩子还不能独立行走，需要父母搀扶的时候，如果不小心摔跤了，可以责怪父母不小心。可是当孩子长大成人了，难道还要把自己现在的不如意，归结于父母吗？腿长在自己身上，把自己带到了何方？手长在自己身上，为自己做了什么？心也在自己这里，又让自己成长了多少呢？

很多人为了证实今天的自己是多么无辜，就埋怨是别人的错误导致了自己的失败，从而把失败的原因转嫁给小时候的成长经历、父母的教育以及生活环境等。他们可以深刻理解“近朱者赤，近墨者黑”的道理，却怎么也看不到“荷花出淤泥而不染”的事实。之所以会这样，是因为他们没有看清楚自己，在内心世界中，他们对一切都感到极为恐慌，有深度的不安全感。他们一味地逃避恐惧、推脱责任，失败的结局只会愈演愈烈。

不管现状是什么，要做的是从现在开始承担起自己的责任。当逃兵不难，难得是逃跑之后要面对一切。毕竟，不是被任何人用枪逼成现在这个样子的。如果连自己都不想看清自己真正的面目，自己都把自己往外乱丢，却还要期待别人的拯救，那么即便被别人拖上岸，恐怕我们爬起来也只能往反方向走。

限制自己的不是环境，而是内心

人们所不具备的很多条件，之所以会成为限制，其实是因为人们有一颗容易受限制的心。所谓的限制是自己不去做某些事的借口，是对自己在某方面无能为力、无可救药的掩饰，也是避免自我感萎缩的良方，同时还是我们因为贪恋伪快乐，而拖不动自己沉重身体的替罪羊。

一次，几个朋友和小峰一起自驾游。经过他的老家时，大家伙儿就想顺便过去看看。当小峰说快要到了的时候，朋友们就期待翻过下一个山头后，看到养育小峰的小山村。可是拐了无数个弯，翻过了一座又一座山头，还是没有到。就在大家快要绝望的时候，小峰指着远处的一个小山沟说："就是那里了。"

远远地看着深山里那个若隐若现的小山村，大家心中不由得感慨，这个村子藏得好深啊，就像与世隔绝的孤岛。真难以想象，小峰当年是怎样从那里走出去的。

小峰生长在西北的一个山沟里，由于家境贫寒，没钱继续上学，初中毕业后，他便在家务农。

为了不让自己的梦想就这样终结在山沟里，小峰打算在家自学。他想了很多自学成才的出路，权衡利弊后，最终选择自学美术。

在接下来的日子里，小峰开始一分一分地攒钱。终于攒够买一本书的钱了，他迫不及待地跑到 40 多公里外的新华书店，买回了第一本美术辅导书，开始在家自学画画。

在家苦练了两年后，从外面打工回来的老乡告诉小峰，北京有很多公司招聘美工。这下小峰可乐坏了，心想自己的东西总算没有白学，于是他下定决心要到北京去试试。

一个星期后，小峰拿着从朋友那儿借来的 450 元钱，坐上了开往北京的火车。那年他 18 岁，从没出过远门，也没见过什么世面。

到北京后，小峰白天四处找工作，晚上跑回火车站，睡在候车室。他带的钱少，根本不敢问住旅馆需要多少钱，也不敢吃别的，每天只能吃四个烧饼，喝自来水。

转眼20多天过去了，口袋里的钱越来越少，可还是没有公司录用他。因为那些公司招聘的美工都需要用电脑工作，并且还要有大专文凭。小峰的条件根本达不到要求。

小峰并没有泄气。在接下来的两个月里，他一边在餐厅里做刷碗工，一边抽空到过街天桥上卖小饰品，终于攒够了800元钱。

有了钱，小峰马上报了个电脑培训班，又找了个最便宜的地下室安顿下来。这时，他手里仅剩的70元钱，是他一个月的生活费。他每天都会带上4个烧饼，一早就到电脑学校门口等着开门，一直学到晚上学校关门，他才离开。

他拼命地学了一个月后，如愿以偿地成了一家公司的美工。在对电脑一知半解的情况下，他的工作居然还得到了老板的赏识。

当时，国内互联网刚刚兴起。小峰工作了半年之后，又开始学习网页设计。随后，小峰顺利地进入了一家大型的互联网公司，担任设计部主管。

小峰的人生还在不断改变。两年后，他在对传媒行业一无所知的情况下，居然开了一家广告公司，后来积累了一些资本，又进入高新技术领域。现在他又在资本市场驰骋。

从一无所有到拥有一本美术辅导书，从老乡的一条消息到踏上北京的火车，从睡火车站到在餐厅打工……直到如今转战资本市场。这些是小峰在短短十年内所做的事情。

好多人都有很好的经济、环境条件，却要找这样那样的借口来限制自己。而小峰呢，他真的是一无所有。他有的就是每次都能全情投入地去做自己想做的事情和一颗不受限制的心。

也许，人们会说经济、环境限制了自己突破，那么身体上的局限呢？身体的缺陷是很难改变的，怎能突破呢？

在网上有一段视频，视频的名字叫《无手无脚无限制》，主角力克是一个既没有胳膊也没有腿的30岁左右的男人。虽然他没有四肢，但他活得很快乐。他不但可以自己吃饭，还可以踢足球、打高尔夫、滑冰，也可以在没有任何人帮助的情况下，一个人爬上桌子演讲。

当他连胳膊都没有的上半身立在讲桌上，慷慨激昂地作激励演讲时，他身上迸发出的超强的生命力和不屈不挠的精神简直让人不可思议。台下有很多观众为之感动，潸然泪下。

有些健全的人有手有脚，却要找这样那样的理由来限制自己。真的是那些理由限制了他们吗？

其实，那些理由都是“安慰剂”。病人虽然获得无效的治疗，但却“预料”或“相信”治疗有效，而得到舒缓和治愈的现象，这就是著名的“安慰剂效应”。

一个病人到医院就诊。他向医生诉说自己身体不舒服，而且精神颓丧，身体日渐消瘦，用了很多药都无济于事。

医生通过检查发现，此人患的是癔症。癔症也称为歇斯底里，是一种较常见的精神病。于是医生对他说：“你患的是某某综合征。正巧，目前刚试验成功一种特效药，专治你这种病症，保证三天康复。”打针三天后，求治者果然康复出院了。

其实，所谓的特效药，不过是极普通的葡萄糖。真正把他的病治好的，是医生的语言暗示。

病人的病在心里，在精神中，并非无药可治。心病还须心药医，这样才对症。而找不到对症的药，后果便不堪想象。

史蒂夫是一个工作相当认真，做事也很尽职负责的铁路公司调度员。

一日，史蒂夫不小心把自己关在了一辆冰柜车里。他在冰柜车里拼命地敲打、叫喊，可公司的同事早已下班给领导过生日去了，根本没有人会听到他的叫喊。史蒂夫的手掌敲得红肿，喉咙叫得沙哑，也没人理睬他，最后他只得绝望地坐下喘息。

他越想越可怕，心想，车里的温度在 -20℃，如果再不出去，一定会被冻死。他只好用发抖的手，找来纸笔，写下遗书。

第二天早上，公司里的员工陆续来上班。他们打开冰柜车，发现史蒂夫倒在里面。他们将他送去急救，但已没有生还的可能了。大家都很惊讶，因为车里的冷冻开关并没有启动，这巨大的冰柜里也有足够的氧气，而史蒂夫竟然给“冻”死了！他正是死在了自己的内心手上。

任何限制都是从内心开始的。问题就产生在人们的心里。只要人们把某些因素看成是局限，那么它就会成为阻碍，来限制人们的发展。

唯美的人生，不能懒惰

惰性是人类的一种本能，以便保存自身的能量和避免危险。于是，人类陷入天人交战的境遇：一方面被基因牵制，说服不了自己改变懒惰；另一方面，为了实现自我的需求，必须积极地做事，让自己的人生变得更有价值和意义。

其实，懒惰并非百分百有害。大自然中的动物为了生存下去要不断地储存能量。于是乎，多数动物都需要懒惰，因为这样可以保障自身的能量不被轻易地浪费掉。像猩猩、狗熊、狮子等动物，在一天中的大部分时间里，都懒洋洋地趴着一动不动。但是，不要忘了，动物需要保存自己的能量，也需要不断地通过运动保持自身的猎食能力，通过猎取食物获得新的能量，更要小心不让自己成为其他动物的口中餐。

今天，人类不用再为生存而保存能量，因为有足够的食物可供人类随时享用，但还是无法摆脱基因的束缚，懒惰在人类的意识中潜伏着，一有机会便浮出水面。人们任由自己自甘堕落，追根到底都是为了免于为改变自己而付出行动，是为了满足对惰性的需求。而有成就的人，不会放任自我，皆以克服懒惰、立志勤奋作为自己的座右铭。

战国时期，有一个名叫苏秦的人，大器晚成。他年轻时由于学问学得不到家，游说于诸国，均不受重用。回家后，父母不把他当儿子看，嫂子不把他当小叔子看，兄弟姐妹讥笑他不务正业。就连妻子，看到他进家，连眼皮也不抬，仍坐在机杼前纺自己的布，不下来迎接他。这一切都刺激了苏秦，于是他“头悬梁，锥刺股”，发愤读书。就是通过这样不断勤奋地努力，苏秦学成后，游说燕文侯，得其资助而游说于赵。赵王在他一番晓以大义、陈以利害之后，“乃饰车百乘，黄金千镒，白璧百双，锦绣千匹，以约诸侯”。后来他又游说韩、魏、齐等国。于是苏秦“为纵约长，并相六国”，成为历史上著名的政治家。

试想，他的人生如果不把勤奋放在第一位，又将是怎样的结局呢？勤奋，正是懒惰最不愿意看到的啊！

“勤能补拙是良训，一分辛苦一分才”，人们往往把一个人的成功归结于他的天赋，殊不知，他的天赋也是从勤奋中得来的。没有任何成功来得轻松，它需要人们为之付出努力，所以，必须勤奋。世界上没有免费的午餐！如果渴望获得成功，就得摆脱懒惰，努力做好工作中的每一件事。

诺贝尔的父亲是一位颇有才干的机械师、发明家，但由于经营不佳，屡受挫折。后来，一场大火烧毁了全部家当，生活完全陷入穷困潦倒的境地，要靠借债度日。父亲为躲避债主离家出走，到俄国谋生。诺贝尔的两个哥哥在街头巷尾卖火柴，以便赚钱维持家庭生计。由于生活艰难，诺贝尔一出生就体弱多病，他不能像别的孩子那样，活泼欢快，当别的孩子在一起玩耍时，他却常常充当旁观者。童年生活的境遇，使他形成了孤僻、内向的性格。

诺贝尔9岁时，全家迁居到俄国的圣彼得堡。在俄国由于语言不通，诺贝尔和两个哥哥都进不了当地的学校，只好在当地请了一个瑞典的家庭教师，指导他们学习俄、英、法、德等语言，体质虚弱的诺贝尔学习特别勤奋，他好学的态度，不仅得到教师的赞扬，也赢得了父兄的喜爱。然而到了他15岁时，因家庭经济困难，交不起学费，兄弟三人只好停止学业。诺贝尔来到了父亲开办的工厂当助手，他细心地观察和认真地思索，凡是他耳闻目睹的重要学问，都被他敏锐地吸收进去。

为了学到更多的东西，1850年，他出国考察学习。两年的时间里，他先后去过德国、法国、意大利和美国。由于他善于观察、认真学习，知识迅速积累，很快成为一名精通多种语言的学者和有着科学素养的科学家。回国后，在工厂的实践训练中，他考察了许多生产流程，不仅增添了许多的实用技术，还熟悉了工厂的生产和管理。

就这样，在历经了坎坷磨难之后，没有正式学历的诺贝尔，终于靠刻苦、持久的自学，逐步成长为一个科学家和发明家。是什么原因让这个不起眼的小男孩变成举世瞩目的科学巨人？是靠坚持不懈的努力。正如爱因斯坦所说："人们把我的成功归因于我的天才，其实我的天才只是刻苦罢了。"同样的道理，在生活中或者工作中，要做出高于其他人的业绩，要想比他人更幸福，除了克制自己的懒惰，没有任何捷径可走。

当懒惰粉墨登场，走上人生舞台，会让人们的生活变得极为乏味。这种乏味会削弱人们的意志，让人们失去自制力，直到人们再也提不起精神与无聊的生活对抗；这种乏味让人们对未知的世界无能为力，成为一个满腹牢骚的人。懒惰最大的功能，是在人生道路上设下一个又一个"此处禁止通行"的警告标志。

接下来，懒惰会促使人们逃避现实或是对一些事情作出妥协，让人们不能面对自己内心深处的真实需求以及现实中的自己。懒惰剥夺了人们按自己的意愿行事的能力，也剥夺了人们感受这个世界的权利。

最重要的一点是，懒惰使人们放弃了自己的人生责任。人们在伪快乐的巨大诱惑下自甘堕落，就像"快乐中枢"实验中的小老鼠，通过不停地按压杠杆获得快感，最终让自己命丧于快乐之中。人也是如此，在快乐面前，拖不动自己贪恋沙发的身体，停不下自己贪吃的嘴，直到把自己变成一个娇生惯养、好吃懒做的怪物。

懒惰让人们变得简直不堪一击。人们在自我思想的世界里梦想着、期盼着现实的眷顾和情有独钟。日复一日、年复一年，衰老了，没有精力了，被病痛折磨着，什么也做不了。

所有懒惰的人认为只有享受生活才是生活的最终目标，勤奋工作带来的是身心疲惫。其实这样的想法是不负责任的，不过是逃避责任的借口。在如今这个充满了机遇和挑战的时代，一位有头脑的、智慧的职业人士绝不会错过任何一个可以让他们的能力得以提高、才华得以展现的工作。尽管这些工作可能薪水微薄，可能辛苦而艰巨，但它对意志的考验、对坚韧性格的培养，是使人们一生受益的宝贵财富。所以，正确地认识工作，勤勤恳恳地努力去做，才能对得起自己。

许多人都抱着这样一种想法，我的老板太苛刻了，根本不值得如此卖命地为他工作。然而，他们忽略了这样一个道理：工作时虚度光阴会伤害你的雇主，但受伤害更深的是你自己。一些人花费很多精力来逃避工作，却不愿花相同的精力努力完成工作。他们以为自己骗得过老板，其实，他们愚弄的只是自己。老板或许并不了解每个员工的表现或熟知每一份工作的细节，但是一位优秀的管理者很清楚努力最终带来的结果是什么。可以肯定的是，升迁和奖励是不会落在玩世不恭的人身上的。

有些人拿放松来为懒惰作掩护。偶尔放松一下是人之常情，紧张的工作总要适度地放松，通常如果不是很离谱，主管多是睁只眼闭只眼也就罢了，但是偷懒上瘾就不是一件好事了。如果主管早已对你有了戒心，你就很难翻身了，没有处置你已算幸运，升职加薪就免提了。对你自己来说，懒惰会使你离工作越来越远。没有付出，就没有回报。贪图安逸会使人堕落，无所事事会令人退化，只有勤奋工作才是最高尚的，才能给人带来真正的幸福和乐趣。

不管在生活中还是在工作中，要想让自己过得幸福、成功，就一定要比别人更努力，比别人付出更多的汗水。唯美的人生，需要少一些懒惰，这样才会让自己成为最成功、最幸福的人。要相信，懒惰是人生的大敌，世界上没有做不好的事情，只有做得不够好的事情。

直击痛苦的方法—自我肯定

让你幸福、不会痛苦的方法是什么？那就是自我肯定。只有看清了自我才能驾驭幸福的人生。走自己的路，不去管别人怎么说，也不要在乎曾经生活在阴霾中，这需要智慧，更需要自信。

触摸工作，感受生活

生命是人从降生到死亡的一个过程。在这个过程中，人们应该细心地去品味生活，发现生活中的幸福与美好。

生活的真谛不是轰轰烈烈的生活。是真实的，也是平凡的，平凡的生活中存在着很多平凡的感动。用心去体验生命的历程，让感动贯穿于人们的一生，这样的生命过程才有意义。

生活中，人们经常会听到自己周围有人抱怨生活很郁闷，或是活得很疲惫。繁忙的都市生活给大多数现代人带来了太多的压力，快节奏的生活方式使他们忙于奔波。其实，生活中有很多美好的东西值得我们去细细品味。有时候即使只是一件很小的事情也可能给自己带来快乐，关键是要用心感受生活。只要用心去感受生活，会发现原来生活中还有这么多令人快乐的事情。

生活就是这样，需要用心来感受它的一点一滴的美好。其实幸福是无形无状的，但又是无处不在的，最重要的是如何去发现它的存在。懂得享受生活乐趣的人，他们从哪怕是一点点的小事中都能获得快乐。也许是因为他们拥有一颗善良的心，乐于帮助别人并因此而获得快乐；也许是因为他们拥有一颗细腻的心，善于发现生活的美好，自得其乐。

用心生活，就要努力工作；专心做事，就要像狮子扑兔子一样全力以赴，更要像小鸟筑巢时那般细心和负责。用心做事的人像是从事一门艺术，他们能看到生活中最美好的风景。

一名农夫在偏远的农村待了一辈子，从来没有离开过那片土地。当一位记者去采访他，问到他一辈子都住在这种恶劣的环境中，而没有离开过大山，是否感到遗憾，他回答说：“没有遗憾，我每天都感觉到很快乐！”

生活要用心灵去感受，更要用包容、豁达的心情看待生活，即使处于生命的低谷，也会觉察到人生的美好与幸福。

生活中的一切，不论是苦难还是幸福，不论是烦恼还是快乐，都有其存在的理由，谁都无法回避，无法挑选。有句话说：“有时候命运让我们不能选择，但是我们可以选择的是人生的态度——不向命运屈服。”用心对待，只有这样才能真正体会到人生的美好。

生活中有很多人对于工作的感觉都是单调、枯燥无味、辛苦等，只有极少数的人谈到他们的工作时神采飞扬，他们会自豪地告诉别人，他们的工作速度如何之快，超过了目标的多少，任务完成又达到什么样的新水平。那种快乐溢于言表，他们是享受到了工作的乐趣。然而我们又要怎样才能享受到工作的乐趣呢？这关系到对自己的工作兴趣培养的问题。在绝大多数员工乃至管理层中，普遍存在着一种这样的观念，认为自己的工作是“不得不做，非做不可”才去做的，完全处于一种被动状态，导致大家对自己的工作显得十分乏味、枯燥。

喜欢工作、享受工作与痛苦工作、被迫工作，其道理相当于自愿锻炼身体与被动劳作的差异效果。用付出的体力来衡量两者可能差不多，但是心情愉悦程度却大相径庭。因为其前提一个是“自愿”，一个是“被动”，自然也就产生了两种心情，一种为享受，另一种为付出。

经常听到一些人因工作繁忙而叫苦不迭，殊不知，只有善待工作的人才会忙，只有忙才会让人有成就感，才能让自己的生活有意义。有些人在退休后感到无事可做时，往往会发出这样的感慨：现在想做些什么也不可能了，早知这样，当初就应该多做些事了。奉劝那些整天无所事事的人：努力提高自己，投身工作，享受工作。

有人就幸福和痛苦说过这样一番话：什么是幸福？幸福是一种感觉，自己感到幸福就会很幸福；什么是痛苦？痛苦就是有空闲的时间去琢磨自己是不是幸福。这话真的很富有哲理。倾心忙于工作，作为一种享受，就会感到很知足，就很少有时间去想东想西，烦恼自然也会少了许多。“工作并快乐着”的感觉估计很多人都有，也许刚开始工作的时候不习惯，总感觉有好多事情要做，一天下来，累得身体像垮掉了一样。但当自己在工作上取得成就的时候，就会感到欣慰，这种欣慰是发自内心的，能让人深切地感觉到工作带给自己的意义。

工作者是美丽的，工作者是快乐的。19 世纪英国哲学家克雷尔说：“在工作本身找到乐趣的人有福了，因为他不必再求其他的福祉了。”

但是，为了能够获得愉悦的工作环境和工作体验，为了能够使自己幸福地工作，人们还是应该对自己的工作目的有一个理性的审视。

一个人在社会上工作，最基本的目的就是要获得维持生存和生活的基本生活资料，这是工作最根本的目的。然而，工作也是生活，不能把工作从生活中转移到另一个空间，所以，人们要用热忱的心态去对待工作。

李君是一家机械维修公司的一级修理工，上班时他不是拧螺丝，就是开车床，整天和这些油乎乎的机器零件打交道，工作无聊到极点，但他却不能放弃这份工作，因为他必须以此为生。于是，李君就下决心改变这个局面，便开始着手钻研这些机器的构造是怎样的，如：为什么汽车能运行？汽车运行一段时间后为什么会发热？汽车运行原理与火车有何不一样？如此一来，他的这份工作对他就变得很有吸引力。经过努力，他成为该公司的维修专家，后来他被送到一所大学去进修“机械制造”专业。

一个人对工作所具有的心态，就是他人生的部分表现。一生的职业，就是他志向的表示、理想的所在。如果一个人只是为了薪水去工作，那就代表他是不忠于生活的。工作是生活的一部分，要在工作中享受生活的乐趣。

世界上不存在永远高效的工作。任何的工作最终都会归于一种平淡，就像生活给人们的感觉一样。要想做好并享受自己的工作，就必须接受这种平淡，而且从这种平淡中享受它带来的乐趣。

人活着必须要工作。只有工作才能为社会创造财富；只有工作才能获取谋生手段；只有在工作中，人才能磨炼自己，发展自己。但工作不是生活的全部，生活不是为了工作，而工作是为了生活。如果仅为工作而生活，那就成了异化的对象。正确的人生态度应是：工作时工作，生活时生活，并以享受生活而非拼命工作作为人生的目标。

平时在工作的时候，大脑总是处于一种紧张、亢奋的状态，一项任务结束，另一项马上接替上来，周而复始，身体机器超负荷运转，来不及调整，最终以崩溃作为代价。

于是，很多人的工作、生活理念正在悄然发生变化：渴望在工作之余找到一片能使身心放松、压力缓解的“绿洲”。其实，在工作的同时也可以享受到它的快乐，可以让自己过得轻松愉快。

有张有弛，像音乐一样有节奏感，才会让工作变成愉悦的事情，完成后才会有成就感。工作总是无止境的，调整自己的心态很重要，不要把工作当成自己唯一的生活重心，否则心很快就会疲惫，兴趣很快就会消失，如果想到工作后还可以上网、听歌、聚会、聊侃等多姿多彩的活动，人就会充满希望，轻松应对。在这种放松的状态中，也许还会思路大开。

放慢脚步，在紧张中找些悠闲，保护自己的身心健康，才是最重要的。因此，无论平时工作多忙，都不要把自己逼得太紧，也不要活得太累，要有张有弛，这样生活、工作才相得益彰。

“愿意的人命运领着走，不愿意的人命运拖着走”，智者与命运结伴而行。

别把生活和工作当做沉重的负担，如果仔细聆听，上面布满了幸福的音符。

分享会收获加倍的幸福

在当今社会中，不管是大公司，还是一些小单位，都非常重视团队精神，特别注重强调集体合作，反对个人英雄主义。因此，在个人取得成绩的时候，更要懂得和他人一起分享成功和快乐，不能把大家的功劳揽到自己一个人头上，更不能目空一切，认为自己无所不能，是这个集体最有能力的人物，哪怕自己真的作出了一定的贡献，也要归于大家的支持和帮助，不能一味地强调自己，不然只能走向孤立的境地。

而在生活中，恰恰有那么一些人，非常相信个人英雄主义，非常相信自己的个人能力，他们认为自己之所以能取得成绩，是因为自己才华出众，工作效率高，无视别人对他们工作的支持和配合。故而，在他们取得成绩的时候，既不感谢上级的正确领导，也不感谢他人的配合和支持，更不懂得和他人分享成果和快乐。结果，别人纷纷疏远他们，导致他们很不合群，成为不折不扣的另类，几乎被孤立了。尽管他们的个人能力非常出色，也无法在同事中搞好人际关系，缺乏群众基础，每当有新的晋升职位空缺时，他们往往只能眼睁睁地看着别人升上去，心里又气又恨，却又没有办法。

秦霞最近的情绪非常差，因为她刚刚在竞争办公室主任一职上遭遇了失败。

原来，秦霞是办公室里的得力干将，在工作上，表现相当好，经常获得奖金。不久前，她们的办公室主任升职了。主任在临走前，特别向上级部门推荐秦霞接任办公室主任一职。而上级部门在对秦霞任命之前，例行作了对秦霞所在办公室的一些职员的秘密调查，并且专门找了几个人谈话，无意间提到了秦霞几次，结果同事们都说秦霞“抠门”、“自私”、“不合群”、“孤傲”等。最后，上级领导部门经过慎重考虑，没有任命秦霞为办公室主任，而是任命办公室另一个人缘好、业绩一般的同事担任了办公室主任。这对秦霞来说无疑是一个非常沉重的打击，情绪低落也在所难免。

但是，秦霞为什么不受欢迎呢？原来，秦霞的工作能力异常突出，经常被评为优秀员工，经常获得大笔奖金。有一次，有一个同事吵着要她请大家到麦当劳去大吃一顿。但是，秦霞却认为这是自己的劳动所得，理所当然，没有必要请大家，于是就拒绝了。没有想到，她这一举动不仅得罪了那个同事，而且还导致整个办公室的同事都对她有了看法。更让大家难以忍受的是在开会的时候，秦霞在发言中往往只提自己的功劳，同事们的配合和帮助，她竟然只字不提。于是，一些同事便暗地里不配合她。

有一次，秦霞联系的一个客户打电话来找她。而这个时候，秦霞刚好又出去了。她的一个同事居然在电话里说：“公司里没有叫秦霞的，请以后不要打电话来！”以致后来，秦霞在与该客户打交道时，被人家认为是骗子，有了这件不愉快的事，秦霞与同事的关系越来越僵了。最终秦霞被办公室的同事完全孤立了。

一个人取得了成就或多或少都离不开同事的帮助，因此，也应该懂得主动与同事们分享。秦霞的同事在她获得巨额奖金时，要求她“请客”，其实并不是要从她那里得到什么，只是想分享她成功的快乐而已。而秦霞却固执地认为自己的努力所得与他人无关，这样必然会引起同事们的不满。彼此之间有了这样的隔阂，以后还能合作下去吗？还能得到大家的好口碑吗？口碑不好，没有群众基础，又怎么可能走上领导岗位呢？

俗话说："吃别人的嘴软，拿别人的手短。"身在职场，如果取得成功时，能够慷慨地把自己的成功与同事们分享，收获极有可能是加倍的。

在职场上，同事首先是合作者，然后才是竞争对手。取得了成就，获得了荣誉，对他们来说，无疑是对他们晋职加薪的一种威胁。这个时候，作为一个精明的职场中人，不是沾沾自喜地独享荣誉和快乐，而是如何消除同事们的妒忌和不安心理。最好的办法是把自己的成就和荣誉归功于大家，和大家一起分享。一旦同事分享了这种成就和快乐，不仅会消除对自己的妒忌，还会为这种"有福共享"的精神所感动。

要懂得和他人一起分享成果和快乐。如果自私地独享荣耀，那么总有一天会独吞苦果！身在职场，一定要记住，有了成果或荣誉，要懂得和同事分享。把别人和自己捆绑在一起，这样才会有人支持，才能取得更大的成功，不然只能沦落到被孤立的境地。

在生活中，我们要懂得学会分享，这样我们和他人才会得到更多的收益，生活才会更加丰富多彩，人生才会更成功、更幸福。

会分享是影响人成功的一种很重要的方法，也是让一个人幸福的重要因素。一位研究经济的人士写过这样的一篇文章——《学会分享——成功企业家的秘诀》。这篇文章主要提到了著名的企业家马云的分享精神。在经济危机到来之际，马云指出："企业要想发展，要想成功，不仅要将自己的财富分享给别人，还要学会分享责任。"

通过一些成功企业家的经历可以发现，懂得分享的人才会有朋友，才能在日后确立自己牢固的人脉关系，才能为自己的事业开辟一片天地，而他也必然是一个幸福的人。

有一个毕业于北大的企业家，当年在学校读书时，宿舍有一个家住在北京的同学。这个同学每个周末都会回家，周日晚上再回来，他回来时会带上六个苹果。起初宿舍里的同学很高兴，以为是一人一个，结果他是自己一天吃一个，没有别的同学的份儿。宿舍里其他同学看在眼里，虽然表面上都没有说什么，因为苹果是人家自己的，不给你也说不出什么来，可是，心里都认为他太自私。因为他们一群男孩子在一起，有什么好吃的都是大家拿出来一起吃，吃光了为止，没有人会想着留给自己再接着吃的。

后来，这个企业家成功了。因为企业需要人手，他觉得还是同学可靠，就把当初同宿舍的几个同学都拉了过来一起创业，但唯独没有邀请那个自己吃苹果的同学。这个同学的事业并不顺利，因为找不到好的机会，就给他打电话，恳请给自己一个机会，也到他公司来工作。可是后来大家一商量，一致不同意他来，原因很简单，因为在大学的时候他从来没有体现过分享精神。

与此相同的故事，还在新东方教育集团的总裁俞敏洪的身上发生过。

俞敏洪也曾就读于北大。在学校时，他经常做一件看似很吃亏的事情：每天都拎着宿舍的水壶去给同学打水。本来，大家一起用水，应该大家来打，或者轮流来打，可是俞敏洪不觉得打水是一件吃亏的事情，他每天都一个人来负责宿舍的热水。他不知道这件事会给他带来什么，但是认为自己也并没有因此吃亏。

10年过去了，俞敏洪创办了新东方。到了1995年年底的时候新东方做到了一定规模，俞敏洪知道单凭一己之力，难以支撑这个企业了，他希望找合作者。然而，他也清楚这样的道理，最好是找志同道合的熟人。于是，他就跑到了美国和加拿大去寻找他的那些同宿舍的同学。要知道，他的同学发展得也很好，可是俞敏洪一提出请求之后，他们都回来了。俞敏洪都没有料到同学们会这么给自己面子，后来，就问他们为什么这么做，同学们给了他一个十分意外的理由："俞敏洪，我们回来是冲着你过去为我们打了四年水。我们知道，你有这样的一种精神，所以你有饭吃肯定不会只给我们粥喝。"

一个人学会分享，并不是自己的东西越来越少了，并不是自己吃亏了，随着与他人的分享，自己所拥有的虽然看似少了，其实是数量增多了。与别人分享自己的东西，并不是吃亏，而是一种幸福。俗话说："独乐乐不如众乐乐"说的就是这个道理。

关于分享，有过这样一段经典的话语：

当你拥有五个苹果的时候，千万不要把它们都吃掉，因为即使你把五个苹果全都吃掉，也只是品尝到了一种味道——那就是苹果的味道。如果你把五个苹果中的四个拿出来给别人吃，尽管表面上你少了四个苹果，但实际上你却得到了其他四个人的友情和好感。当别人有了别的水果的时候，也一定会和你分享。你会从这个人手里得到一个橘子，从那个人的手中得到一个梨，最后你可能就得到了五种不同的水果，尤其是收获更多的友谊。

所以，在生活中，懂得学会分享，这样和他人才会得到更多的收益，生活才会更加丰富多彩，人生才会更成功、更幸福。多一些分享吧，世界会因此更加开阔，生活会因此更加幸福。

有人这样说过，乐于分享，是一种心胸宽广、无私的表现。因为这种宽广和无私，世界才会变大。因为在与人分享的同时，也会得到别人的回馈。与不同的人分享，会得到不同的利益。所以，要抱有一种乐于分享的心态，不要因为担心一时的吃亏，而把自己封闭在一个小世界里。给自己更宽阔的心胸、更大的舞台，让我们的幸福从学会分享开始吧！

“无我”才能驾驭幸福人生

世间一切烦恼，皆由“我”而起。若能够体验到菩提达摩话中的“无我”境界，无论忧愁还是喜悦，一切自然会随风消散。常人达不到佛法中“无我”的至高境界，却也懂得买醉来求得一时的忘忧。常言说借酒消愁愁更愁，醉酒之时的“忘我”也自然不能等同于佛家的“无我”，但是那一刻对自我的遗忘却是相似的，就像平时我们安慰一个失意之人，总是说“睡一觉就好了”，事实上睡醒后烦恼照旧，而睡梦中却曾获得暂时的解脱。“忘我”，是一种刻意而为之的无奈，是一种追求暂时幸福的伪快乐；“无我”，则是水到渠成的自在，是一种真正的幸福。

从古至今，对“我”的认识与探索一直未曾间断，古希腊先贤苏格拉底的名言之一就是“认识你自己”。圣严法师将这个“自己”分为了两个层次，一是个人自私的小我；二是仁爱、博爱的大我。从另一个角度，又可视为物质上的身体和精神上的心灵的结合。身体每时每刻都在改变，而且注定会死亡；精神同样在外力与内因的作用下变化着，而且每一刻的念头也总会消失。因此，“我”只是一种虚幻的妄念，因我生执，因执而苦。

古代有一个差役就曾经因为对“我”的过于执著而苦恼不休。

从前有一个秃头犯了法，由一名差役负责押送他到流放地。

一路上，差役十分谨慎，生怕犯人会从自己的手里逃脱。他心思缜密，每次打尖休息不仅对犯人寸步不离，而且常常清点随身物品，每次清点都会自言自语：“秃头还在，公文还在，佩刀还在，枷锁还在，包袱还在，雨伞还在，我也在。”秃头每每听到他反复念叨都忍俊不禁，同时暗暗寻找着逃跑的机会。

终于快到目的地了，秃头对差役一路劳顿颇感不安，于是提出要出钱请他好好吃一顿，以表示自己的感激和歉意，并起誓绝对不会逃跑。快到驻地，差役也放松了警惕，在秃头不断地劝说与奉承下很快酩酊大醉。

秃头偷来差役的钥匙，打开了枷锁，临逃走之前想起了差役每次的念叨，不由兴起，想跟差役开个玩笑，于是用差役的佩刀剃光了差役的头发，又把枷锁戴在了他的身上。

差役大醉醒来，吃惊不小。他猛一拍自己的头，然后又看到了自己身上的枷锁，说：“秃头还在！”他顿时释然，继而习惯性地清点：“公文还在，佩刀还在，枷锁还在，包袱还在，雨伞还在，我还……我呢？”

差役不知所措，见人就问：“你看见我了吗？”

差役执著于事物的表象以至于丢失了自己，他的“无我”是滑稽的，既令自己苦恼，又引得旁人发笑。真正的“无我”虽同样难以求得，甚至让人心生抗拒，但一旦体会到了将“我”放下的通透，就能够达到一种澄明之境。由圣严法师对“我”的两层定义，同样可以将“无我”分为两种：一种是人无我，即针对个人而言，没有一个恒定不变的主体；另一种是法无我，即诸法无我，任何法都由因缘和合而生，没有一个永恒的主宰者。

“如来者，无所从来，亦无所从去。”“忘我”以致“无我”，又在“无我”中做好“我”该做的一切，如空中飞鸟，不知空是家乡；水中游鱼，忘却水是生命。“别人笑我太疯癫，我笑他人看不穿”，对于佛门之外的人，这种“无我”也许十分荒唐，而在这一刻顿悟的人，却体验到了其他人看不穿、望不断的红尘之外的快乐。一切现象因缘所生，变化无常，索性把“我”放下，把环境忘记，把无常当做常态，自在与快乐将会紧随身后。正所谓“春来花自青，秋至叶飘零，无穷般若心自在，语默动静体自然”，人若无我，则天地澄明，花香鸟语间蕴涵的禅机都会涌至眼前。

人们无法改变别人的看法，能改变的仅是自己。想要讨好每个人是愚蠢的，也是没有必要的。与其把精力花在一味地去献媚别人，无时无刻地去顺从别人，还不如把主要精力放在踏踏实实做人上，兢兢业业做事，刻苦学习，看清自己的优势和特点。

一个人想做一套家具，就走到树林里砍倒一棵树，并动手把它锯成木板。这个人锯树的时候，把树干的一头搁在树墩上，自己骑在树干上；还往锯开的缝隙里打一个楔子，然后再锯，过了一会儿又把楔子拔出来，再打进一个新地方。

一只猴子坐在一棵树上看着他干这一切，心想：原来伐木如此简单。这人干累了，躺下打盹时，猴子爬下来骑到树干上，模仿人的动作锯起树来，锯起来很轻松，但是，当猴子要拔出楔子时，树一合拢，夹住了它的尾巴。

猴子疼得尖声大叫，它极力挣扎，把人给吵醒了，最后被人用绳子捆了起来。

猴子不但没有成功地伐木，反而让自己落在了伐木人的手里。它没有看到自己的局限，更没有掌握自身的特点。与这只猴子一样，人们最大的局限在于短视，而短视在于无法发现自己的优点。威廉·詹姆斯这样认为：“跟我们应该做到的相比较，我们等于只做了一半。我们对于身心两方面的能力，只用了很小一部分，一般人大约只发展了 10% 的潜在能力。一个人等于只活在他体内有限空间中的一部分。他具有各种能力，却不知道怎样利用。”

中文系毕业的李辉初到南方时，曾为找工作奔波了好长一段时间。起初他见几个跑业务的同学业绩不俗，赚了不少钱，便找了家公司做业务员，然而辛辛苦苦跑了几个月，不但没赚到钱，人倒是瘦了十几斤。同学们分析说："你能力不比我们差，但你的性格内向、言语木讷、不善交际，因此不太适合跑业务……"

之后，李辉又做过公司的会计、餐厅经理等，最终出于各种原因都被迫离职跳槽。

最后，李辉痛定思痛，吸取了前几次的教训，不再盲目追逐高薪或舒适的职位，而是依据自己的爱好和特长，凭借自己的中文系本科学历和深厚的文字功底，应聘到一家刊物做了文字编辑。这份工作相比以前的职位，虽然薪水不高，工作量也大，但李辉却做得非常开心，工作起来得心应手。几个月下来，他就以自己突出的能力和表现令领导刮目相看，器重有加。

回顾以往的工作历程，李辉深有感触地说："无论是工作，还是生活，我们都应当找到适合自己的生活方式。一味地追逐高薪、舒适的工作，曾让我吃尽了苦头，走了不少弯路。事实上，我们无论做什么事都应结合自身条件，依据自己的爱好和特长去选择相应的事来做。放弃那些不适合自己的生活，我们的生活才会快乐。"

现如今的许多大学毕业生都有着和李辉一样的经历，面对着广阔的职场，他们一时间感觉失去了方向，或者随大溜地奔向热门的行业，或者听从父母的安排。在跳槽已成为家常便饭的今天，他们在作出一次又一次的选择时是否听从了内心的召唤？在比较福利和薪水的同时是否考虑过什么才是最适合自己的选择？他们的"无我"是根本放弃了自己所擅长的、所喜欢的工作，于是，不多久，工作上便日益疲惫，没有了重心。

“无我”不是将自我完全忘记和抛弃，而是将自我顺其自然地融入生活、工作、家人，融入幸福，换得心中的逍遥和自在。

走自己的路，让别人说去吧

走好自己的路，不要在意别人怎么说，因为活着应该是为充实自己，而不是为了迎合别人。失去了自我的人，总是会介意别人的目光，考虑别人的看法，这是在为别人而活着，所以活得很累。

人生的旅途就是这样，会面临荆棘，也会遭遇坎坷。给自己的心灵穿上温暖的衣裳，让困惑无助的你排除心灵上的困扰，让迷失方向的你找到人生的指路明灯，让流言飞语包裹的你看到心灵的力量。

她比他整整大了32岁，这丝毫没有影响他们的爱。她被当成了手心里的宝贝，倍加呵护。他用打工赚来的钱，给她买漂亮的衣服；她爱吃的东西，多贵他都舍得买；她生气时，他会唱歌哄她；他甚至送她去整容，去掉她脸上沟壑般的皱纹。面对所有人的反对，他只说：“只要我一个人疼你就够了。”

他就这样，疼了她10年。10年，多少人们眼里门当户对的美满姻缘曲终人散，多少才子佳人的配对分道扬镳，可他们，在亲人反目、生存极其艰辛之下，仍然坚定地爱着、疼着、幸福着。

那天，在电视直播现场，他的左臂始终揽着她瘦弱的肩，右手紧紧握着她的手，他温柔的目光一直追随着她的脸。那目光里盛着一种刻骨铭心的东西，是所有爱过的人都明白的，叫爱情。

现场的观众提出一个很残酷的问题，说如果有一天，她老了离开人世，那么，他该怎么办？针对这个问题，他们给彼此写了答案，主持人当场宣读了。

她说："你交给我的钱，我都给你攒起来了，等我死了，你再找个老伴吧。"

他说："我以后不和你吵架，不惹你生气，我希望你能活100岁，那时我已经70岁了，就不需要找老伴儿了。"

回望1996年，在东北乡下一个简易的乡村秧歌队里，他们不期而遇了。不久后，两个人便成了乡村舞台上最默契的搭档。他们俩唱着人们熟悉的二人转，她扮演俊俏的新媳妇，他则是潇洒的大丈夫。扇子在飞舞，长辫在轻摆，清朗的嗓音、无限的温柔交织在一起。两人目光交接，如水如电，回味悠长。

时间见证了这一切，他们就那样相爱了。1997年的冬天，在东北一个小村庄，在远离村子的稻田边上，在一间临时建起的土坯房里，27岁，英俊而帅气的他，58岁，瘦弱而苍老的她，走到了一起。

这是一对在世人眼中不伦不类的夫妻，在此后的九年里，受尽了世人种种的非难和折磨。他们被各自的家人逐出家门，无家可归。东北的冬天，寒冷而刺骨，他们就在自己的农田里，用一张薄薄的塑料袋做被子，相互拥抱着取暖。他们像燕子一样，一点点捡砖拾瓦，终于盖起了一间小小的房子，却是真正的家徒四壁，没有一件像样的家具，没有电，喝水要到一公里外的村子里去挑，甚至没有吃的，根本没法吃饱，靠去别人收割过的稻田里捡遗落下的稻穗度日……家里唯一值钱的东西是一台小收音机。每天干完活后，两人就一起听收音机。就这样一间简陋的屋子，也被人一把大火烧得干干净净。他为了补贴家用，将一段废弃的电缆卖了，不想竟惹祸上身，被劳教一年。她一个人，在风雨中独自飘零，没有着落，更没有依靠。没有人肯借给她钱，他的家里人不断地来找她麻烦，抢走她赖以糊口的粮食，还威胁要拆她的房子……

但是，再多的艰难困苦都没有拆散他们。

再坚韧的心，也会被一种柔软的情愫打动。很多年前，莎士比亚曾说过：“我决不承认两颗真心的结合会有任何障碍，一切开脱之词都会让爱情蒙羞。”多年以后的今天，她和他，这一对跨越世俗隔阂的爱人，用他们坚定的深爱的心，给这句话作了最好的注解——情比金坚。他们安然地走着自己的路，而不去在意世人的眼光。

有时自己改变了，也能恰当地改变别人的看法。太在乎别人随意的评价，自己不努力自强，人生会苦海无边。别人公正的看法，应当作为自己的参考，以利修身养性；别人不公正的看法，不要把它放在心上，以免影响我们的心情。如此一来，就不会为别人的看法耿耿于怀，能够按照自己的意愿去生活了。

几年前，有四名陕北青年决心到北京来卖陶瓷。四个人的想法很简单，陕北的陶瓷历史悠久，很多北京人都喜欢，他们只要一个月卖出五件，就能在北京站住脚，生存发展就没有问题，还能实现自己的创业梦想。只是，这个想法既缺乏市场调研，也没有资料考证……

四个人就这样到了北京。显然他们估计失误了，北京人通常只到正规的瓷器店买瓷器，对摆在地摊上的货色一向心存疑虑。好长时间，他们的瓷器都无人问津。

四个青年碰壁后，便分道扬镳，一个开始去做室内装修，当小工。一个到了早市，靠着身上的400块钱贩菜卖菜；一个去建材城，做了一名搬运工；一个为水站蹬三轮送纯净水。

然而两年后，他们都有了起色：昔日的室内装修小工，开始独当一面；卖菜的在早市上已经成了蔬菜批发商；搞搬运的也有了自己的搬运公司；送水的竟然自己办起了水站……

他们日子过得虽然普通，却有着明确的生活方向。虽说不上是宏伟的事业，但他们发展得如此迅速，让人感到前途无量。他们没有在意别人的目光和看法，而是用年轻和汗水，闯出了名堂。

陕北青年能开辟出人生的新路途，就在于出来闯荡的他们，意识到计划需要变化，自己不能做这个，并不代表不能做那个，然后积极地行动了起来，及时调整了人生的发展方向，无条件地迎合市场需要，每一步迈得都很扎实，虽然所干的算不得什么大事业，却在最短的时间里体现出了个人最大的价值。小工、卖菜、搬运工、送水员，不管别人的目光如何，不管别人怎么说，他们硬是用汗水和努力做出了成绩。

人的一生，为了求利，为了求名，偏偏不求有个真实的自己。走自己的路，需要别人的帮助，需要逆耳的忠言，更需要自己摆正方向。事实上，人生不可能没有忧愁，问题是不能因为别人的风言风语而轻易改变自己，这样做不会幸福，即便得到快乐也是伪快乐。只有正视自身情况，脚踏实地地走自己的路才能获得真正的幸福。

踏实做事，坦荡做人

幸福需要人们用踏实的态度做事，用坦荡的态度做人。踏实做事，就是不管做什么事都要尽心尽力，这样才能把任何一件事都做到尽善尽美。坦荡做人，则要对自己的人生负责，不能马马虎虎。只要用心思考，用心办事，踏踏实实做事，坦坦荡荡做人，任何人都有成功的希望，都能体会到真实的成就感。

踏实做事，是一种责任，是一种精神，更是一种品质。做事只有脚踏实地，才能坚持不懈。而坦荡做人，是一种气魄，是一种胸怀，是一种魅力，“君子坦荡荡”是君子作风。做人只有做到坦荡真诚，才能赢得别人的尊重和帮助。

坦荡并非生而有之，然而坦荡之人，胸怀必然宽广，为人真诚，做事光明磊落、脚踏实地，用自己的双手掌握人生航船。踏实地做事，坦荡地做人，才会得到幸运之神的青睐。

成者，诚也。人不必总戴着厚厚的面具，穿着沉重的铠甲，说违心的话，做违心的事。做人坦荡真诚，做事脚踏实地，这样才能把事情做好，无愧于“人”字的一撇一捺。

汉克和杰森是一家速递公司的两名员工，在工作上，他们俩是非常好的搭档，工作认真，成绩出色。公司准备设一名客户部经理，老板对这两名员工都感到非常满意，可是选谁好呢？

面对这两名出色的员工，老板不免有些难以决断。

在老板还在犹豫不决的时候，发生了一件事，让老板终于决定了升谁为客户部经理。

那天，汉克和杰森一起负责把一件非常贵重的古董运送到码头，老板在他们出发前多番叮嘱，一定要小心保护古董。但是，送货车在半路上出了点意外，他们只能下车，准备修车。公司有规定，如果不能够按时将货物送到，他们都会被扣掉一部分奖金。

汉克决定，自己背着货物，跑到码头。很快他们就在规定时间之前赶到了码头，这个时候，杰森对汉克说：“我来看一会儿吧，你去找货主。”其实，杰森想在客户面前表现一下自己，他想如果客户看到自己背着货物，一定会把这件事告诉老板，这样的话老板没准还会为自己加薪。杰森只顾打着自己的小算盘，结果当汉克递给他货物的时候，竟然没有接住，货物一下子掉在了地上，“哗啦”一声，那个贵重的古董发出了破碎的声音。

“你是怎么回事？我还没有接住你就放手。”杰森冲着汉克大声喊道。

“可是你明明伸手了，我递给你的时候是你没有接住。”汉克辩解道。

汉克和杰森都知道打碎了古董对他们来说意味着什么，丢掉现在的工作是小事，更重要的是他们还得面对沉重的货物赔偿。

两个人忐忑不安地回到公司，老板知道以后，狠狠地训斥了他们一顿。不等他们解释，老板把这两个人赶出了办公室，让他们等待处罚。

杰森为了不承担责任，决定向老板告状，他又跑回了老板的办公室，对老板说：”老板，摔碎古董不是我的错，是汉克一不小心摔碎的……“老板听完了杰森的描述，平静地对杰森说：“好了，我知道，谢谢你，你先回去吧。”

接着老板把汉克叫进了自己的办公室。看着汉克进了老板的办公室，杰森偷偷地笑了，长长地舒了一口气。

汉克进了老板的办公室，将事情的经过对老板讲了一下，最后说：“对不起，老板。这件事是我的失职，我愿意承担全部责任。杰森的家里条件不太好，他的责任我愿意承担，我来赔偿客户的损失。”老板没有说什么，只是让汉克先回去。

等待是漫长的，令人备受煎熬，汉克和杰森在痛苦地等待着处理结果。第二天，老板把他们都叫进了自己的办公室，说：“你们来的时间也不短了，我一直非常欣赏你们两个，这段时间我一直在考虑从你们两个中间选一个人担任客户部经理，其实我也一直在左右为难，但是，没有想到你们出了这样一件事。

“不过，发生这件事也不一定是坏事，因为这件事让我更清楚地认识了你们，我也有了客户部经理最合适的人选。我决定，请汉克担任客户部经理，因为他是一个勇于承担责任的人，这样的人是值得信任的。杰森，我已经通知财务给你结算工资了，一会儿你去领工资，今天就不用上班了。”

“可是，老板，为什么呢？”杰森问。

“实话跟你说吧，其实，古董的主人看到了你们在递接古董时的动作，他对我说了他看到的事实。还有，我看到了出了问题以后你们两个不同的态度。”老板说。

结果，汉克成了客户部的经理，而杰森则失去了一份不错的工作和大好的前程，原因就是做人不够坦诚，做事不够踏实。在老板看来，只有做事坦荡的人，做事才能踏实。尽管杰森做事看起来不错，但是，如果真的让杰森去独当一面，把重要职位交给杰森，保不准哪天他会因为做人不够坦诚而做出一些出格的事，而这也是任何一个老板所不允许的。

汉克的做法虽然很傻，情愿替同事背黑锅，但是，在大事面前，他能牺牲自己的利益，敢于担当，不正是表明了他对人、对事都能妥善处理，对公司有赤诚之心吗？老板怎么会不喜欢这样的人呢？

踏实做事不是埋头苦干。不管做什么工作，光知道盲目蛮干是不行的，埋头苦干，只能说明一个人的工作态度。低头拉车的同时也要抬头看看前面的路。不管是做人还是做事，能做到尽心尽力，便是尽善尽美了。做人要用心，做事要尽力，用脑思考，用心做事，不要为欲望所驱使，因为被欲望驱使而获得的幸福是一种伪快乐。因此，要以一颗平常心来踏实做事，只有这样，才能带来真实的成功，获得真正的幸福。

追求完美而不受制于完美

人生百年，能够完全顺着自己的想法而来的事情不多，所以古人说“不如意之事十有八九”，人的一生中不可能永远都是一帆风顺。有些挫折、失败不是个人力量所能左右的，而在这些不如意的事情已经发生后，唯一能使心灵保持平静的方法就是保持一颗平常心，不急不躁，不对人发难。正如林清玄所说，快乐活在当下，尽心就是完美。

一位国王，手握天下大权。这样，他应该满足了吧？但是，事实上他自己也想不明白：为什么我对自己的生活还不满意？尽管他也有意识地参加一些有意思的晚宴和聚会，但都无济于事，总觉得缺点儿什么。

一天早上，国王决定在王宫中四处转转。当国王路过皇宫厨房的时候，他听到有人在快乐地哼着小曲。循着声音，国王看到是一个厨子在唱歌，脸上洋溢着幸福和快乐。国王甚是奇怪，他问厨子为什么如此快乐，厨子答道：“陛下，我只不过是个厨子，但我一直尽我所能让我的妻小快乐，我们所需不多，头顶有间草屋，肚里不缺暖食，便够了。我的妻子和孩子是我的精神支柱，而我带回家哪怕一件小东西都能让他们满足。我之所以天天如此快乐，是因为我的家人天天都快乐。”

听到这里，国王让厨子先退下，然后向宰相咨询此事，宰相答道：“陛下，我相信这个厨子还没有成为 99 族奴。”

国王诧异地问道：“99 族奴？什么是 99 族奴？”

宰相答道：“陛下，想确切地知道什么是 99 族奴，请您先在一个包里，放进去99枚金币，然后把这个包放在那个厨子的家门口，您很快就会明白什么是99族奴了。”国王按照宰相所言，令人将装了99枚金币的布包放在了那个快乐的厨子门前。

厨子回家的时候发现了门前的布包，好奇心让他将包拿到房间里，当他打开包，先是惊诧，然后狂喜：金币！全是金币！这么多的金币！厨子将包里的金币全部倒在桌上，开始查点金币，99枚？厨子认为不应该是这个数，于是他数了一遍又一遍，的确是99枚。他开始纳闷：没理由只有99枚啊？没有人会只装99枚啊？那么那一枚金币哪里去了？厨子开始寻找，他找遍了整个房间，又找遍了整个院子，直到筋疲力尽，他才彻底绝望了，心中沮丧到了极点。

他决定从明天起，加倍努力工作，早日挣回一枚金币，以使他的财富达到100枚金币。由于晚上找金币太辛苦，第二天早上他起来得有点晚，情绪也极坏，对妻子和孩子大吼大叫，责怪他们没有及时叫醒他，影响了他早日挣到一枚金币这一宏伟目标的实现。他匆匆来到皇宫厨房，不再像往日那样兴高采烈，既不哼小曲也不吹口哨，只是埋头拼命地干活，一点也没有注意到国王正悄悄地观察着他。

国王看到厨子心绪变化如此巨大，大为不解，为什么他得到那么多的金币而不是欣喜若狂呢？他再次询问宰相。宰相答道：“陛下，这个厨子现在已经正式加入99族奴了。99族奴是这样一类人：他们拥有很多，但从来不会满足，于是拼命工作，为了额外的那个‘1’，他们苦苦努力，渴望尽早实现‘100’。原本生活中那么多值得高兴和满足的事情，因为忽然出现了凑足100的可能性，一切都被打破了，他竭力去追求那个并无实质意义的‘1’，不惜付出失去快乐的代价，这就是99族奴。”

现实生活中，很多人不就是这样吗？当事业蒸蒸日上、财富与日俱增之时，他们是比以前更快乐了，还是正相反呢？金钱只能保证生活必需品的满足，却不能保证虚荣心极度膨胀所追求的那种虚幻的快乐。所以，在努力实现欲望之前，一定要首先想明白一个道理：自己到底追求的是什么？然后再享受追求和得到的快乐。

这个故事关乎财富，但是，本质上来说，这是一个关于人性的故事。人生就是欲望，欲望满足了便无聊，满足不了便生痛苦；人生就在无聊和痛苦之间循环往复。其实，真正让那位厨子不快乐的，并非金钱和财富本身，而是那个“1”所代表的未能满足的欲望！从另一方面讲，如果100代表完美——如果真有完美的话，那完美也许就意味着无聊的开始，或者可以这样说，完美存在与否并不重要，真正的问题或许在于人们是否该追求完美？

其实，完美主义倾向也是心理健康不够良好的表征之一，表面上看起来，他们做事认真投入，很有成效，老板喜欢雇用这种员工，他们看起来很敬业，会获得不断表扬。但这种表扬，犹如无声的皮鞭，迫使他们更加兢兢业业、如履薄冰般向前。完美主义的本质是一种欲望，是建立在认为事事都有一个无懈可击的答案之上的。要知道世上本无十全十美的东西，这个出发点就注定了它是沙上建塔。完美主义者工作时有一股永不罢休的劲头，后来会不可抑制地发生衰减。在实际工作过程中，不完美是常态，疏漏之处此起彼伏，无论怎样竭尽全力，瑕疵总是存在。完美主义者最后由于精力所限，根本顾及不了那么多，只得在沮丧和失败中认输。强大的压力会导致种种神经症候群，很多人因此患上了抑郁症。

有一位白领就是一个完美主义者，经常会在半夜毫无缘由地惊醒，吓出一身黏稠的冷汗。他会梦到自己负责的一项工作不能按时完成，梦到同事在背后攻击他，梦到自己被老板裁员……

完美主义是人生的大敌。很多人在说到自己有完美主义倾向的时候，还有一点沾沾自喜，其实这是心理不健康的表现。

一个睿智之人是不会抱着忧虑而愁眉不展的。追求完美是一种人生，而不被完美限制住的才是更好的生活方式。就像古人说的那样：世上本无事，庸人自扰之。无论生活在什么环境下，聪明、豁达之人都会用乐观平和的心态面对生活。

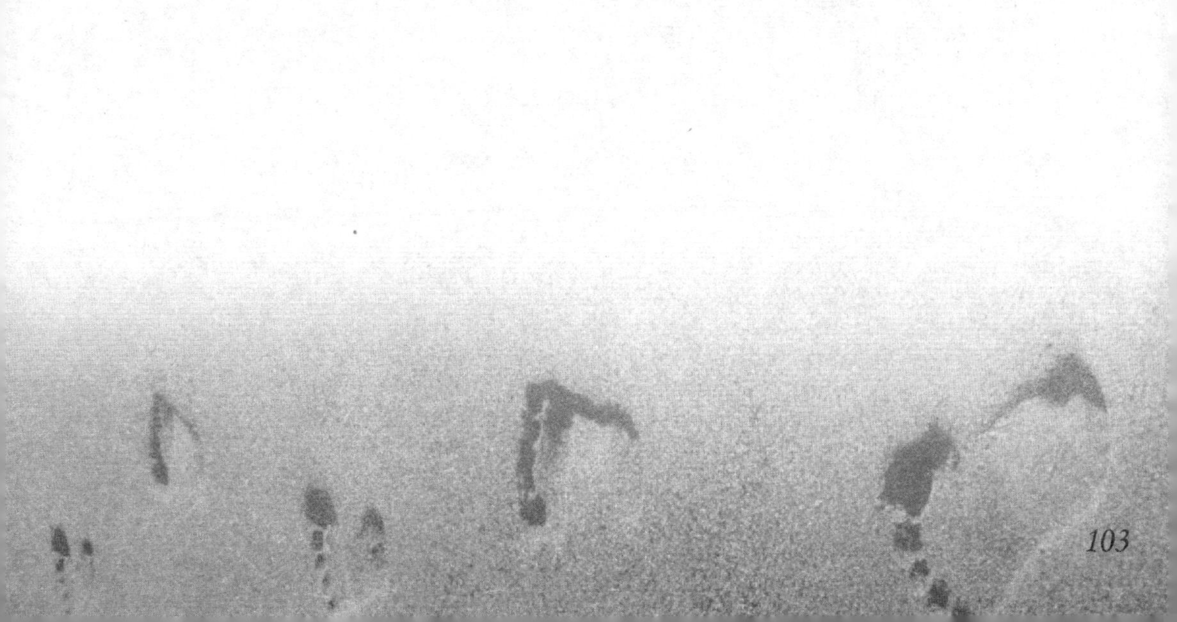

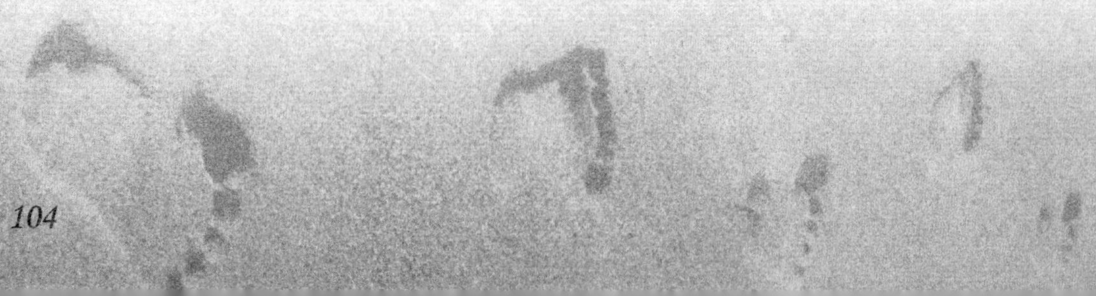

包容与爱，让幸福放光

幸福不是一个单纯的概念，它由许许多多的元素组成，包容、爱、快乐等。幸福，因为无私的包容和爱而更加宽广；幸福，因为包容和爱而变得加倍；幸福，因为包容和爱而插上了翅膀，从一个人的心中飞向别处。正是有了无私的包容和爱，让幸福熠熠生辉。

感谢你的敌人

在日常的生活中，许多人都犯了这样一个致命的错误：他们总在诅咒自己的敌人，或总在庆幸自己没有遇到可怕的敌人，或者因为遇到使自己失魂落魄，带来心理障碍、造成逆境的人，他就真的是敌人吗？

人们恰恰应该为自己遇到劲敌而庆幸，为自己遇到艰难的境遇而庆幸，因为这正是认清自我、脱颖而出的机会。

1992年，一个不寻常的年份，小慧成了一名重点中学的学生。她兴高采烈地来到这所学校，准备开始愉快的学习生活。几天后的一次课间，当小慧在厕所内一个封闭的小格子间方便时，听见几个女生走了进来。使她心灰意冷的是，她们竟然在背后议论她，而且是用肆无忌惮的词语。她们争先恐后地对小慧品头论足，嘲笑她的成绩、作文、穿着、嗓音及她的一举一动。后来，她们匆匆离去了，留下小慧在那儿委屈地流眼泪。

在这个世界上，一个12岁的孩子碰到了这样的事，她如何去面对？小慧不得不在内心与自己展开激烈的斗争，出于倔犟和清高的秉性，她拼命控制住了情绪，不想让议论她的那些女生知道，在这件事中虽然她受到了很大的伤害，但她却用了一种去证明她们的错误方法。

在接下来几年的学习中，小慧用自尊构筑起一道坚硬无比的心理防护层，她大量阅读、刻苦学习，势必要争口气，要比她们都出色，要让她们有朝一日对自己刮目相看。

后来，小慧频频被评为优秀学生，考进了好的大学，也在自己喜欢的文学领域有了一定发展。正是当初那些恶言恶语的“鼎力相助”，为小慧开启了一扇通往成功的大门；正是那些人当初设置的“障碍”，让小慧终生受益。

所以，应该感谢给我们生活带来障碍的人——那些在人生路上待你以冷漠、为你设置路障、掠夺你的所爱、打击你的自尊甚至无时无刻不在窥视着你的隐私、随时准备向你偷袭的人。尽管，你不知道他们的存在和你最后的成功有多大关系，但正是因为他们的存在加强了你的警觉，增加了你的反思，他们是在间接将你推上成功的颁奖台！

汤武因为有残暴的桀纣作为敌人而得到了拥护者，刘邦因为项羽而谨小慎微而最后得到了天下。换个角度说，真正使罗马帝国灭亡的正是因为他们没有了强大的对手。

人类社会的这一真理在大自然中也同样存在。没有天敌的动物往往最先灭绝，有天敌的动物则会逐步繁衍壮大。

一位动物学家对生活在非洲大草原奥兰治河两岸的羚羊群进行过研究。他发现东岸羚羊群的繁殖能力比西岸的强，奔跑速度也不一样，每分钟要比西岸的快 13 米。

对这些差别，这位动物学家百思不得其解，因为这些羚羊的生存环境和属类都是相同的，都属于羚科类，皆是生长在半干旱的草原地带，饲料来源也一样，全以一种叫莺萝的牧草为主。

有一年，他在动物保护协会的帮助下，在东西两岸各提了 10 只羚羊，把它们送往对岸，1 年后，运到西岸的 10 只繁殖到 14 只；运到东岸的 10 只剩下 3 只，其他 7 只全被狼吃了。

这位动物学家终于明白了，东岸的羚羊之所以强健，原来是因为在它们附近生活着一个狼群，西岸的羚羊之所以弱小，正是因为缺少了这么一群天敌。

存在敌人不见得是件坏事，他们的力量会让我们发挥出巨大的潜能，创造出惊人的成绩。尤其是当对方强大到足以威胁到我们生命的时候，敌人就在身后，我们一刻不努力，生命就危在旦夕。想想，这样的状况能不让我们使出全身的力气去争取最好的结果吗？

只有在前行的道路上碰到障碍时，隐伏在我们生命最深处的种种能力，才会突然迸发出来，才能够无坚不摧地做出种种大事来。障碍是我们意志的磨刀石，最终让我们意志坚定、出类拔萃。

因此，在现实生活中，没有必要憎恨敌人，若深入思考一下，也许会发现，真正促使我们成功的，让我们坚持到底的，真正激励我们前进的，让我们昂首阔步的，不是顺境和优裕，不是朋友和亲人，而是那些常常可以置人于死地的打击、挫折，甚至是死神。

茫茫人世间，难免与别人产生误会、摩擦，如果不注意，在我们惊动仇恨之时，仇恨便会悄悄成长，心灵就会背上报复的重负而无法获得自由。报复会把一个好端端的人驱向疯狂的边缘，使心灵得不到片刻安宁，报复同样会驱赶幸福，使我们失去永恒的幸福。

有一位好莱坞的女演员，失恋后，怨恨和报复使她的面孔变得僵硬而多皱，她去找一位有名的化妆师为她美容。这位化妆师深知她的心理状态，中肯地告诉她："你如果不消除心中的怨和恨，我敢说全世界任何美容师也无法美化你的容貌。"与其怨恨你的敌人，不如感激他。

圣人说："怀着爱心吃菜，也要比怀着怨恨吃牛肉好得多。"如果我们的仇人知道怨恨使我们精疲力竭，使我们紧张不安，使我们的外表和内心都受到伤害的时候，他们不是会拍手称快吗？我们岂能让仇人控制我们的快乐、健康和外表？莎士比亚曾经说过："不要由于你的敌人而燃起一把怒火，让心中的烈焰烧伤自己。”明智的人，理应让愁怨远离。

少一份抱怨，多对他人心存感激，就能常怀慈悲之心、仁爱之心。有一颗感激之心，就要多给与少索取，令自己心安理得。与别人发生矛盾时心存感激，多想想曾经他的关怀与帮助，化解心灵的隔阂。

人们追求幸福，却总以为击败自己的敌人、报复自己的仇家就能够获得解脱，得到幸福，殊不知，复仇的心，正如同一把锋利的双刃剑，刺伤他人的同时，也刺伤了自己。幸福的奥妙看似难以参透，幸福的本质却又是何等的清晰与单纯。放下内心所有的愁怨与不满，潇洒地转身，旋即，便能够望见幸福。

宽容别人也就是幸福自己

世界上没有完美无缺的事物，许多事物常常都是一把双刃剑，如果只看到刀刃的一面，那么受伤的永远是自己。所以宽容别人也是在让自己幸福。

一位伟人说过：“宽容是生活中的最高境界。不管我们经历怎样的境遇，一味地抱怨不已，只会是于事无补，而且会把事情弄得更加糟糕，尽管这不是我们想要的结果。莫不如放宽心。”

世界是美丽的，然而世界也是有缺陷的；生活是美丽的，可是生活同样是有缺陷的。因为美丽，才值得我们来这个世界上走一回；因为有缺陷，才需要我们去将其弥补。既然抱怨同样于事无补，那就尽量少抱怨或者不抱怨，这样才能获得幸福。

在生活当中受到伤害之后，是选择怨恨，还是选择宽容？我们来看看释迦牟尼是如何做的吧。

释迦牟尼走在街上，遇见了一个愤怒的人。这个人对释迦牟尼有仇视的态度，他一直仇视佛教，已经到了疯狂的地步。他看到众生都这么尊敬释迦牟尼，心头更是难受，便生出一个毒计，想害死释迦牟尼，于是，他将一把沙子扔向释迦牟尼。

终究应准了那句话：善有善报，恶有恶报。就在沙子扔出去的那一瞬间，突然来了一阵风向这个人吹来，沙子全部都吹到他的眼中，他疼痛不已，倒在地上。

他气急败坏地在地上翻滚，整个脸都涨得通红。

众生看到这一幕，都嘲笑他。面对这么多锐利的目光，这个狠毒的人不得不向释迦牟尼跪下。

这时，释迦牟尼平静而洪亮的声音响起："想玷污或是陷害善良的人，最终会伤害了自己，众生切记！你也起来吧。"

这个人听后感慨万千，也终于大彻大悟。释迦牟尼之所以有那么多虔诚的信徒，就是因为他的宽容啊！

能够对别人宽容，自己才能做到心中无恨，拥有幸福。一个懂得宽恕之道的人，他的天地一定广阔；一个懂得宽恕之道的人，他的精神一定充实；一个懂得宽恕之道的人，他的心灵一定纯洁；一个懂得宽恕之道的人，他的灵魂一定美丽。

生活得快乐与否，完全决定于个人对人、事、物的看法如何，因为生活是由人的思想造就的。不懂得宽容待人的人，都生活在抱怨与郁闷之中，那是因为他们总是对别人斤斤计较，对环境有这样或那样的不满，而看不到生活中快乐幸福的一面。

在人的一生中，快乐和痛苦经常交替出现。当痛苦袭来时，试着把悲痛与怨恨抛到身后，乐观地向前。不是为别人，而是为自己。因为，人的心也是一所监狱，如果深陷其中无法自拔，成为自己的囚徒，这才是最大的痛苦。宽恕别人，就是最深地爱自己。

"一只脚踩扁了紫罗兰，它却把香气留在那脚踝上，这就是宽恕。"原来有关宽恕的诠释可以这样优美而令人感动。

上苍造物，何等超绝，在赋予生命的同时，也赋予了一颗宽恕包容之心，就像那紫罗兰，从不计较别人的过错，反而给践踏它的人留下一缕芳香。人生的际遇，从来都不会一帆风顺，总会有各种各样意想不到的遭遇，逢坎坷不抱怨，遇泥泞不愤怒，时时处处都秉持一颗宽恕包容之心，才可以随时随地获得快乐。

一位禅师和他的两个弟子一起旅行，行经一处山谷时，二弟子失足滑落，多亏大弟子拼命拉他，才将他救起。二弟子于是在附近的大石头上刻下了："某年某月某日，大弟子救了二弟子一命。"他们继续走了几天，来到一处河边，大弟子与二弟子为了一件小事吵起来，大弟子一气之下打了二弟子一耳光，二弟子跑到沙滩上写下："某年某月某日，大弟子打了二弟子一耳光。"

禅师看到后就好奇地问："为什么要把大弟子救你的事刻在石上，而把打你的事写在沙滩上？"二弟子回答："我永远感激大弟子救我，至于他打我的事，我会随着沙滩上字迹的消失，而忘得一干二净。"

记住别人的恩惠，洗去对别人的怨恨，在人生的旅程中才能自由翱翔。这是宽容。

我们不妨再回到现代，看看现代人对宽容的理解。

一位遭遇车祸而毁容的女影星，不仅事业一落千丈，丈夫也绝情而去。她却说："一切都过去了，我何必要恨他，将他的阴影留在心里，让他伤害我今后的人生呢？毕竟生活还要继续。"这是宽容。

他是一位精神科的医生，在接触病患时，曾多次遭受精神病患者的殴打，但他却还在为他们的康复而尽心竭力，他说："他们是需要帮助的病人，我不能和他们计较。"这还是宽容。

悠悠岁月，茫茫人海，谁能保证不犯一点错误呢？抛弃怨恨，选择宽容，宽容别人，也是给自己一片新天地。

相反，人人都活在抱怨与愤恨里，只会苦了自己。

有这样一对婆媳，媳妇从进丈夫家门的那一刻起，婆婆就摆起家长的大架子，像使唤仆人一样使唤她，自己打牌、逛街，什么都不管。时间一长，媳妇难免心里难受，泪水只能往肚子里吞。媳妇百思不得其解，自己几年如一日操持家务，冬天为婆婆洗被子，夏天为婆婆抹席子，饭菜都端到跟前来，时不时还给婆婆买身新衣服，这样的努力为何还得不到婆婆宽容的爱呢？

决心报复婆婆的媳妇开始罢工。等婆婆再换下了一大堆衣服扔给媳妇洗的时候，媳妇看都不看一眼，每天吃完饭就去邻居家聊天，不再多管任何家务事。家庭氛围越来越僵硬，媳妇的丈夫变得不爱回家，远远躲避着这场没有硝烟的战争。

一天，媳妇从报纸上看到一篇文章，说的是宽容别人，也是解脱自己；计较别人，对自己来说也是自寻烦恼；硬碰硬是不会有好结果的。媳妇觉得说得挺有道理的，自己这么多年都坚持下来了，婆婆年龄也大了，和她计较有什么意义呢？再说让丈夫夹在中间也为难，这样下去，一家人就没有幸福可言了。于是媳妇赔着笑脸给婆婆认了个错，一切又都烟消云散，婆婆端着婆婆的架子继续享受，媳妇做着媳妇该做的事情，倒也相安无事很多年。

宽容是一种儒雅的修养，是一种至纯的境界，是一种非凡的气度。宽容能使一个人更加成熟，有更为宽广的心胸去承载世界；宽容能使人与人之间的关系更加密切，使人们用真挚的情谊去装饰亮丽的人生。

“宽容”一词，散发着美妙的灵气，是人间最高贵的情操。它意味着不追究、释放和绝对的爱，也意味着健康的心灵和可爱的容颜。

邵逸夫先生在介绍其健康秘诀时仅用了四个字“笑口常开”。他解释道：“笑是宽容，宽容是一把健康的钥匙，是一个人修养和为人善良的结晶，是幸福生活的一剂良药。能宽容别人，无论走到哪里，都会带去一阵和煦的春风。不肯宽容别人，往往会给自己带来痛苦。”

似乎宽容的人都是健康、可爱的，因为透过仁慈、爱心、诚实、真理，以及公正地对待他人，我们能从中获得快乐的滋润。请不要怀疑，体谅他人，对大家都有益；也请不要质疑，别人快乐，我们也会快乐。因为，谁都不能逃离被爱的需要，谁都渴望更和谐的人际关系。

曾在美国《时代周刊》上看到一个特别感人的故事。

> 一对老夫妇20岁的儿子被一个酒后驾车的年轻人撞死了。这对夫妇得知他们的独子被撞死后，心中充满痛楚、伤心和愤怒。在那年的圣诞节，他们几经挣扎，还是怀抱宽恕之心，到监狱探视了凶手。因为他们了解到凶手也是个年轻的孩子，他们不想用仇恨的态度来影响他一生。老夫妻轮流拥抱了他，如同拥抱自己的儿子一样。年轻人很愧疚地哭了，向他们表示歉意，并表示出狱后要替他们的儿子恪尽人子之责。

这样的结局是让我们欣慰的！在怨恨中，没有人是赢家。长期将怒气闷在胸中燃烧，只会灼伤自己。对别人的过错耿耿于怀，只能毒害自己的灵魂，与其这样，不如学会宽恕。

宽容的反面是斤斤计较、寸土必争。争的结果只可能是失去心灵的宁静，失去与周围人群的和睦相处。宽容别人实际是善待自己。

《菜根谭》中所说：世事纷扰要闲得下，世俗恩怨要放得下。宽容他人，其实是解脱自我。毕竟，宽容别人，终究是善待自己。仇恨如牢笼，只能让我们的心灵永远生活在黑暗之中，不得解脱；而宽恕如和煦的春风，能让我们的心灵获得自由，获得解放。宽恕别人，可以让生活更轻松愉快，让我们获得更多亲情和朋友。我们要明白，心怀怨恨，伤人亦伤自己，刀刃之下没有赢家。

释放内心的千斤重担

人不能没有情绪。过去有一种说法，叫做“闹情绪”。“闹”这个词很传神，情绪是会闹的，就像一个发脾气的动物，不听指挥，肆意妄行。

喜怒哀乐是人之常情，如果一点情绪都没有，那这就是个木头人。一个有关家庭冷暴力的讨论上，有一位女性说丈夫的撒手锏就是完全没有表情，好像脸上戴着一副钢铁盔甲。试想一想，这是不是很恐怖？所以，心理健康的人不是没有情绪，而是可以驾驭自己的情绪。他举止行为得体，表情真挚真诚，让人有安全感。反之，就是情绪化，一旦被一点小事所激惹，就无限放大恶劣情绪。

古希腊神话中，赫格利斯是一个威风凛凛的大力士，从来都是所向披靡、无人能敌的。因此，他是何等的踌躇满志、春风得意，唯一的缺憾就是找不到对手。有一天，他行走在一条狭窄的山路上。突然，一个趔趄他险些被绊倒，定眼一瞧，原来脚下躺着一个袋子，他猛踢一脚，那个袋子非但纹丝不动，反而气鼓鼓地膨胀起来。赫格利斯恼怒了，挥起拳头又朝它狠狠地一击，但它依然如故，仍迅速地膨胀。赫格利斯暴跳如雷，拾取一根木棒朝它砸个不停，但它却越胀越大，最后将整个山道堵得严严实实。气急败坏却又无可奈何的赫格利斯累得躺在地上，气喘吁吁。一位智者走来，见此情景，困惑不解。赫格利斯懊恼地说：“这个东西真可恶，存心跟我过不去，把我的路都给堵死了。”智者淡淡一笑，平静地说：“朋友，它叫‘仇恨袋’。如果你不理会它，或者干脆绕开它，它就不会跟你过不去，也不至于把你的路给堵死了。”

人生在世，人际间的摩擦、误解乃至纠葛、恩怨总是在所难免。肩上扛着“仇恨袋”，心中装着“仇恨袋”，生活只会是如负重登山，举步维艰了，最后，只会堵断了自己的去路。

古代有一个妇人，特别喜欢为一些琐碎的小事生气。她也知道自己这样不好，便去求一位高僧为自己谈禅说道，开阔心胸。高僧听了她的讲述，一言不发地把她领到一座禅房中，落锁而去。

妇人气得跳脚大骂。骂了许久，高僧也不理会。妇人又开始哀求，高僧仍置若罔闻。妇人终于沉默了。高僧来到门外，问她：“你还生气吗？”

妇人说：“我只为我自己生气，我怎么会到这地方来受这份罪？”

“连自己都不原谅的人怎么能心如止水？”高僧拂袖而去。

过了一会儿，高僧又来问她：“还生气吗？”

“不生气了。”妇人说。

“为什么？”

“气也没有办法呀。”

“你的气并未消逝，还压在心里，爆发后将会更加剧烈。”高僧又离开了。

高僧第三次来到门前，妇人告诉他：“我不生气了，因为不值得气。”

“还知道值不值得，可见心中还有衡量，还是有气根。”高僧笑着说道。

当高僧的身影迎着夕阳立在门外时，妇人问高僧：“大师，什么是气？”

高僧将手中的茶水倾洒于地。妇人视之良久，顿悟，叩谢而去。

是呀，何苦要气？气是别人吐出，而被我们接到口里的那种东西，我们吞下便会反胃。气只会让我们的面孔僵硬而多皱，弄不好还会由于过度气愤而导致身体不舒服。

在人行道上按规矩走路，差点被粗鲁穿行的汽车、摩托车撞倒；省吃俭用买来一台冰箱不到一个月就坏了，去找厂家维修，维修人员不理不睬；每天三更半夜刚刚入睡，却被楼下大排档的喝酒猜拳声吵得神经衰弱；水平低、能力差、资历浅的人，因为会拉关系，而得到提拔重用；还有以权谋私、贪赃枉法、谋财害命……看看这些，哪一桩哪一件不让人气破肚皮呢？如果凡事不想开一些，我们气得过来吗？

面对别人的辱骂，且来看看巴金是如何应对的。“有时他们骂得太过火，反损骂者自己的人格，我更替他们不安。如果骂我而使骂者有益，便是我间接于他有恩了，我自然很情愿挨骂。”巴金不愧为大师级的人物，面对他人的辱骂表现得如此平静、幽默与宽容，这不失为排除心理困扰的妙药良方。

人的一生谁都难免会遇上难堪的误解，遇到他人不公正的批评甚至辱骂，但要记住：不要因为对方一句不公正的批评或难听的辱骂，而变得像对方一样失去理智，那样只会让结果更糟糕。不妨找个适合的宣泄方式，让不满与怨气统统发泄出来。生气固然有损健康，但怒而不泄也对健康无益。

据说，国外有个叫“出气室”的处所，专供人去出气，受气的人进得门去可对胶制的人模型拳打脚踢，仿佛可以把他打得鼻青脸肿、人仰马翻，以泄心中块垒。现在生活压力大，总有些怨气抑郁在胸，如果哪个有识之士在大街上建个“出气超市”，肯定门庭若市，生意兴隆。

英国一位权威心理学家更是认为，积存在心中的怒气就像一种势能，若不及时加以释放，就会像定时炸弹一样爆发，可能会酿成大难。

看看周围，我们不难发现，有些人就是脆弱易感、心胸狭隘、多疑善变、喜怒无常，搞得人际关系紧张，大家避之唯恐不及。以往，我们常常以为这是脾气不好，究其原因，其实他们的内心也很痛苦。所以，人们对待生气的正确态度是疏泄怒气，适度地释放怒气，可将心中的不满坦率地讲出来，使怒气在字里行间得到排解；还可以到室外打球、跑步、爬山，呼吸新鲜空气，让怒气与汗水一起流淌出来；亦可通过情绪转移的方式，或埋头工作，或欣赏一场音乐、戏曲，以求得心理平衡，让自己重心获得宁静和快乐。

让爱心照亮寰宇

支持人生活下去的并非仇恨，而是爱。

在金庸的武侠小说《神雕侠侣》里面，李莫愁的人生中充满了仇恨，最后投入了熊熊大火，将自己变成了灰烬。而小龙女身中剧毒，跳下悬崖，却在对杨过的深爱中活了下来。虽然，这只是虚构的故事，但是让人们看到了爱的巨大力量，仇恨使人走向毁灭，而爱让人走向光明。

世态炎凉，人们渐渐忘记照亮这个世界的不单单有阳光，还有爱心，而是堂而皇之地收起了自己的爱，用冷漠来面对世间的一切。那些心存爱心的人，被看做异类，被当成傻子。

有一天，小云的老公在下班的路上碰到一个抱着孩子的女人，她说自己并不是乞丐，而是外地人，钱包被偷了，需要20块钱买车票，小云的老公很同情她的处境，想都没想她说的是真话还是假话，就毫不犹豫地掏出20块钱给了她。

因为不经思考就给了路人20块钱，小云猜想老公绝对是上当受骗了，把这件事告诉朋友们，朋友们觉得小云的老公太“大方”了，简直是爱心泛滥。老公反而固执地说：“她看起来真的好可怜！我真的能帮上她，也挺好。”

老公给小云讲了另外一件事情。

一次他的母亲去超市买了几大袋东西，出门时，由于双手被占着无法去拉开门，这时走在她后面的一位女孩快跑了两步，帮母亲拉开了沉重的大门，一直等到母亲走出后才松手。当母亲道谢的时候，那位女孩说："我妈妈也和您的年纪差不多，我只希望她遇到这种情况的时候，也会有人为她开门。"

这件小事，却让老公觉得很温暖，让他觉得能尽微薄之力帮助别人，哪怕是再小的事情，也会让人很开心。

然而，世人皆以"利"为先，把"爱"抛到了脑后。于是，人与人之间的情感纽带在现代物质社会的浸染下变得异常脆弱，存款、房子、财产等，这些就能轻易地将人性扭曲，将情谊割断。为了分得一套房子，兄弟姐妹几个翻脸成仇人，前半辈子是相亲相爱的亲人，后半辈子却是老死不相往来的陌生人；曾经我们也看到一些生意人为了利益最大化，暗箱操作、权钱交易，富了一个人，苦了一片人；曾经我们还看到朋友之间为了争夺利益，大打出手，对簿公堂，昔日感情荡然无存……温暖的故事在减少，丑恶的故事在增加，且有愈演愈烈之势。人们对于这样的事情习以为常，变得麻木不堪。亲人、爱人、朋友之间的关系，不再是靠着感情而维系，金钱关系上升成为了人与人之间关系的第一位要素。如果世间多一些爱和关怀，又何愁不会变成美好的人间呢？

夫妻两人结婚四年，因感情不和协议离婚，男方偷偷转移了夫妻两人做生意赚来的十几万元钱，只答应分给女方很少一部分生活费。如此一来，女方心里当然不平衡。在一天夜里，女方叫上自己的哥哥、父亲、表哥等五六名亲戚，拿着刀、木棒等凶器，守在男方经过的路上，准备用要挟的手段把钱要过来。结果谈判未果，男方因为不肯让步，两只胳膊都被砍断，头部左右各被砍了一刀，送到医院后便一直处于昏迷状态。

昔日的情分荡然无存，取而代之的是疯狂。那些让他们不顾夫妻情面、争来夺去的十几万元钱，恐怕用来缴付医药费都不够。而女方和家属触犯了法律，免不了牢狱之灾。这又是何苦呢？即使爱已不在，又何必做得那么绝情呢？机关算尽，争来斗去，都是为了身外之物，将感情置之一边，将人性的丑恶充分暴露，弄得两败俱伤，谁也没落下好处。而有的人，心中确实怀有大爱，并无私地照亮着别人的生命，自己也因此而得到了幸福。

刘帆家的楼下有几间简易房，其中一间里住着父子俩。白天他们去捡破烂儿，晚上回来就住这儿。

父亲40多岁的样子，儿子10多岁吧。更令人心酸的是，他们都有残疾，走路一瘸一拐的。父亲驼背，看上去只有一米六的样子；儿子长得还不错，可脚却不好使。

刘帆见过他们吃饭，一人端着一个大碗，吃着乱七八糟的东西，也许是别人剩下的吧。

他们一拐一拐地去捡破烂儿，有一辆破三轮。搬家的时候，刘帆把自己不要的东西给了他们——旧书、旧报、旧家具，还有一张小床。刘帆说："不要钱，是我送给你们的。"

显然，他们很感动。就这样，他们认识了。

父亲姓吴，是从湖北农村过来的，因为穷，媳妇跟人走了。他一个人领着孩子来北方，靠捡破烂儿过生活。

他木讷，不肯多言。一天，邻居突然对刘帆说，老吴好像有相好的了。

刘帆很奇怪地说："真的啊，谁看得上他啊？"

后来刘帆还真看到过一次。

是一个也拉扯着个孩子的女人，家在本地，有房子，打算和他一起过。

老吴却不愿意。

刘帆有点纳闷儿，去问老吴。老吴抽着烟，一袋又一袋地抽着。

他说："我不敢结婚，一是怕耽搁人家，二是我得攒钱。儿子的腿要做手术，得十好几万，大夫说越早做越好。我不能让他永远一拐一拐地走路。我不能结婚，一结婚，负担就重了。"

后来，刘帆很多天没有看到老吴，刘帆怀疑他去了外地，因为简易房拆掉了。

再后来，刘帆听说了一件事，眼泪当时就掉了下来。

刘帆朋友那里出了事。朋友是做建筑的，招了一个男人，没做几天，就从楼上掉下来了，公司要给他治病。他说："别治我了，我都40多岁了，赔我点儿钱，给我儿子做手术吧。"

公司的人不理解，也不愿给这笔钱。

男人哭着说："求求你们，给他做手术吧，我……我是故意的……出了意外就会赔钱，我想让你们给我儿子做手术，这孩子跟着我不容易；我还想告诉你们，儿子……儿子是我捡来的，我根本不能生育……"

那个朋友哭了，他告诉公司的人，给他儿子做手术，也要救他！

孩子做了手术，终于能像正常的孩子那样走路了。过年过节，父子俩就给朋友送点玉米和山芋过去，他们知道感恩。朋友仍然穿梭于生意场上，可是，他忘不了那个秘密。

老吴曾说："这个秘密我不想让儿子知道，因为儿子说我是世界上最好的爹。"

世上总有各种各样的秘密，其中最辛酸的秘密，是老吴倾尽所有爱着这个孩子，这个孩子却不知道老吴并不是他的生父。

也许真正的爱就是这样：我爱你，不图一丝回报；我爱你，用我的心，用我的命，用我的所有——只要我有。真正的爱是无私而不求回报的，会照亮别人的心田，撑起生命的桅杆，温暖了世人的心扉，在拥有爱的同时，也拥有了整个世界。

是否忘记了感恩

生活中，常能看到一些人才貌双全，拥有让人羡慕的家境和学历，但他们活得并不快乐，遇到一点点磨难，就开始怨天尤人。无论物质的给予是多么的丰厚，他们都不会感到满足和幸福。

假如我们有一个很好的工作，有一个很和谐的婚姻，孩子聪明乖巧，父母身体健康，经济状况也不错，也有很好的朋友，可是，还是觉得有好多的烦恼，还是不能知足，最好问问自己的心："忙碌是不是让自己不懂得感恩了？"毕竟，在这个世界上，不是所有的人都有食品；不是所有的人都拥有健康的身体；风雨交加的日子里，有的人没有房子可以遮风挡雨；夜幕落下的时刻，有的人没有灯光可以照明……因此，如果我们衣食无忧，就应该拥有一颗感恩的心。没有感恩之心的人，快乐也就与他无缘。而善于发现事物的美好，感受平凡中的美丽，人们就会以坦荡的心境、开阔的胸怀来应对生活中的酸甜苦辣，让原本平淡的生活焕发出迷人的光彩，幸福感也悄然而生。没有幸福感的人，总是容易被时间催老，淡忘生活的意义。

常有父母抱怨孩子们不听话，孩子们抱怨父母不理解他们，男朋友抱怨女朋友不够温柔，女孩子抱怨男孩子不够体贴；在工作中，也常出现领导埋怨下级工作不得力，下级埋怨上级不够理解，不能发挥自己的才能。总之，不少人对生活永远是抱怨，而不是感激。他们只是在意自己没有得到什么好处，却不曾想别人付出了多少。抱怨换不来幸福，当人们不住地抱怨时，就慢慢地忘记了彼此间的爱，非但没有换来相应的幸福，反而加剧了中间的矛盾。

其实，平心而论，人从出生的那天起，便沉浸在恩惠的海洋里。父母的养育，师长的教诲，配偶的关爱，他人的服务，大自然的慷慨赐予……只有真正明白了这些，才会感恩大自然的福佑，感恩父母的养育，感恩社会的安定，感恩食之香甜、衣之温暖……就连对自己的敌人，也应该心存感恩，因为真正促使自己成功，使自己变得机智勇敢、豁达大度的，不是顺境，而是那些常常可以置自己于死地的打击、挫折和对立面。人生在世，不可能总是一帆风顺，失败、无奈都需要我们勇敢地面对，旷达地处理。当挫折、失败来临时，是一味地埋怨生活，从此变得消沉、委靡不振，还是对生活满怀感恩，跌倒了再爬起来？英国作家萨克雷说："生活就是一面镜子，你笑，它也笑；你哭，它也哭。"所以，感恩是一种为人处世的哲学，是生活中的大智慧。

有人认为感恩纯粹是一种心理上的安慰，是对现实的逃避，就像阿Q的"精神胜利法"。殊不知，感恩，是一种歌唱生活的方式，它来自对生活的爱与希望。懂得感恩的人不会对生活抱怨，因为只有放下抱怨才能够亲吻幸福。

有一个小和尚，尽管他已经遁入空门，却依旧不能看破红尘。他一直非常苦恼，认为自己的生活实在是苦。终于有一天，他把自己的苦恼告诉了师父。

师父说："你知道自己的父母是谁吗？"

小和尚答道："不知道，我从小在寺院里长大，我是被父母抛弃的孤儿。"

师父又问："那么，你恨他们吗？"

小和尚答道："不恨，因为他们是我的亲生父母，我骨取之于父，肉取之于母，没有他们就没有我。我对他们何来的恨呢？"

师父轻声叹了一口气："在我发现你的时候，你已经奄奄一息，你的喉咙差一点就被人割断，而凶手正是你的父母。他们正被一群日本兵追杀，害怕你受到惊吓而哭叫，所以就要割断你的喉咙，现在你明白了真相，你恨不恨他们？"

听完之后，小和尚有些伤心，但依然斩钉截铁地回答说："不恨，倘若当时换做是我，我也会这样做的。"

师父说："你不恨他们，是因为你感激他们生下了你。那么你为何要恨生活给你痛苦呢？难道生活不是更值得你去感激吗？"

若干年后，这座寺院有了很大的名气，许多人都会来这里参佛。而寺院的住持就是当年的那个小和尚，因为他终于领悟了感激，同时，他还会告诉来这里参佛的每一个人要学会、记住感激。

带着感恩的心情去爱，而忘记所有人对你的伤害，那么，你就会觉得生活着的这个世界，就好像是天堂。

在生活中，每个人都会或多或少地遇到一些磨难，甚至会活得很辛苦，每个人都有着这样的失意、那样的挫折：要活，要吃，要穿，便要去找工作，去挣钱，养活自己也要养活家人；要等着评职称，晋级，涨工资，买房子；要去面对生活中的种种琐事；还要应对高考落榜、下岗失业、病痛折磨等不测。然而，这一切其实并不可怕。因为，终有一天这些都会成为过去，我们会迎来新的生活。可怕的是，也许有那么一天，我们对生活失去了热情，那样我们的日子就会忧伤，生活就会没有亮点，一切就会索然无味。

美国哈佛大学校长来北京大学访问时，讲了一段自己亲身经历的故事。

有一天，这位校长向学校请了三个月的假，然后告诉自己的家人："不要问我去什么地方，去干什么，我每个星期都会给家里打来电话，报个平安。"校长只身一人去了美国南部的农村。

原来，这位校长感觉生活在走下坡路，坏情绪一天多于一天，让他觉得什么事都乏味、平淡，他想换个环境，尝试过另外一种生活。

到了南部的农村后，这位校长到农场去打工，去饭店刷盘子。在田地做工时，他连吸支烟或跟工友说句话都只能偷偷地做。最让他难忘的是，他在一家餐厅找到一份刷盘子的工作，只干了四个小时，老板就把他叫来结账，并对他说："可怜的老头，你尽管很努力，可是刷盘子刷得太慢了，你被解雇了。”被解雇后，他又重新回到了哈佛。回到了自己熟悉的工作环境后，觉得以往单调、乏味的东西一下子变得新鲜有趣起来，手头的工作成了一种全新的享受。

人们将感恩抛到了脑后，觉得生活日渐乏味。其实，感恩不一定要感谢大恩大德，感恩是一种生活态度，一种善于发现美并欣赏美的道德情操。人生在世，不如意事十有八九。如果我们困于种种不如意之中，终日惴惴不安，那生活就会索然无趣。

有时候，有工作可做也是一种幸福。每一份工作其实都有它的乐趣，对工作我们也应该学会珍惜。

当我们埋头工作了许多时日，终于在某一时刻圆满地完成了预想的工作时，我们站起身来，推开窗，恰好这一天外面是蓝天白云，花香草也香，那么，不要忽略了这一刻，这就是幸福。慢慢品味它，享受它，并且收藏它吧。

人的一生，是一个不断感动的过程，也是一个不断寻找自我的过程。我们只有在真切面对自我的时候，才会由衷地感动。起床、吃饭、工作、游戏、休息、交友、恋爱、结婚，最后安眠……这些扎实的环节让我们领略生活的乐趣，缺少哪一样都不行。觉得生活琐碎表现我们生活安妥，生活乐趣应从微小事物中去寻求：寻找美味的食物、真诚的友谊、温煦的阳光、欢愉的微笑。除非获得你的允许，没有人能够令你苦恼。

俄国作家索洛古勒曾对列夫·托尔斯泰说：“您真幸福，您所爱的一切您都有了。”托尔斯泰说：“不，我并不具有我所爱的一切，只是我所有的一切都是我所爱的。”

也许是生活的压力太大，有些人说：“活着，真累。”也许是遇到不顺的事太多，有些人说：“活着，真烦。”也许是对柴米油盐的平凡生活厌倦了，有些人说：“活着，真没劲。”这里，有一个如何认识生活的问题，也有一个如何调整自己心境的问题。生活是真实而粗糙的，它不会总是一帆风顺，也不会总是充满着戏剧性的高潮，更多的时候它是平凡琐碎的，甚至显得沉闷，我们不可能指望它天天都如狂欢节一般，而我们能够做的就是拥有一种好的心态。不对生活抱有不切实际的幻想，就不会太痛苦和失望……

印度有一个古老的故事，说佛祖为了消除人们的疾苦，就从人间选了100个自以为最痛苦的人，让他们把自己的痛苦写在纸上。写完后，佛祖说："现在，请你们把手中的纸条相互交换一下。"结果，这100个人看了别人的纸条之后，个个都非常震惊：过去总以为自己是最"不幸"的人，现在才知道很多人比自己更痛苦，那么，自己还有什么理由消沉呢？

我们都多多少少得到过生活的恩惠，接受过他人的帮助，可我们是不是都用心记住了这些，并因此多了一份感恩之情呢？如果我们有一颗感恩之心，生活便会在我们的眼里变得越来越美好；如果我们带着感恩的心情去工作，而不以挣钱为目的，我们会感到工作其乐无穷；如果我们带着感恩的心情去爱，忘记别人对我们的伤害，那么，生活着的这个世界，对我们来说就如同是天堂。

铭记生命中那些重要的人

我们曾和相爱之人卿卿我我，跟家人亲密相处，同朋友互诉衷肠，与一些人有过愉快的、不愉快的交往，或与同道上那些擦肩而过的人一生只见一次面。每个人都像一阵风般飘过这个世界。人们要走过的路无数，渡过的河无数，跨过座座桥梁，从一个地方搬到另一个地方。有的人成为我们生命中的流星，即使带着光芒，也将一闪而过；而有的人则是我们生命中的恒星，照亮着我们，却从未有怨言，那便是父母。

家人的爱是我们希望的摇篮，家的温暖给予了我们不断成长的动力。世界上最温暖的地方，不是被窝，而是父母的怀抱；世界上最安全的地方，不是宁静的港湾，而是父母的臂膀。

关于父爱，人们的发言一向是节制而平和的。但是对于许多人来说，父爱一直以特有的沉静的方式影响着他们。父爱怪就怪在这里，它是羞于表达的，疏于张扬的，却巍峨持重，所以聪明人说，父爱如山。

在成长的路上，父母亲已不仅仅代表着宽容、慈祥，更是良师益友。双亲点点滴滴的关爱已筑成一座山，于无言中坚定、执著地守望着我们。唯心中涌动的那股暖流在不停地促使我们奋进。

来天津工作后，李超极少给父亲打电话，只是在每月领了工资后，汇500块钱回家。每次到邮局，李超总会想起大学时父亲寄钱的情景。四年来，父亲每月都要将收废品挣到的一大把卷了角的零钱，在服务人员鄙夷的眼光中，谦卑地放到柜台上……

而今，李超以同样的方式，每月给父亲寄钱。邮局的人，已经跟他相熟，总是说，半年寄一次钱多方便，或者你给父亲办个卡，直接转账，就不必如此烦琐地一次次填地址了。每一次，李超只是笑笑，他们不会明白，这是李超给予父亲的一种“虚荣”。当载着绿色邮包的邮递员，在门口高喊着父亲的名字，让他签收汇款单的时候，左邻右舍都会探出头来，一脸羡慕地看着他完成这一“庄严”的程序。

父亲会在汇款来到的前几天，就焦虑而又幸福地等待着。去镇上邮局取钱的这天，他会像参加重要会议一样，穿上最整洁的衣服，徒步走去。一路上，总会有人问，干什么去啊？他每次都扬扬手里的汇款单，说，儿子寄钱来了，去邮局取钱。对于父亲，这应当是一次幸福的旅程吧。别人的每次问话，都让他的幸福加深一次，而那足够他一月花费的500元钱，反而变得微不足道了。

汇款单上的附言一栏里，李超和父亲当年一样，总是任其空着。

李超曾经试图在上面写过一些话，让父亲注意身体，或者晚上早点休息，但每一次写完，李超又撕掉了。邮局的女孩子总是笑着问他：写得这么好，你爸看到会开心的，为什么要撕掉呢？李超依然笑笑，不作解释。因为这正是父子两人彼此表达关爱的习惯。

只有一次，邮局的女孩特意提醒李超，说：建议你这一次在附言里至少写上一句话。李超一怔。她继续说：等你父亲收到汇款的时候，差不多就到父亲节了，这句话，可是比你这500块钱重要多了。或许整个小镇上的人，都没有听说过父亲节，这样一个略带矫情的节日，只属于城市。但李超还是依照她的话，在附言栏里一笔一画写下：祝父亲节快乐。

但正是这张汇款单，父亲不知为何，竟忘了去取钱。两个月后，钱给退了回来。李超打电话去问他。他说：忘了。父亲的回答李超有些恼怒，因为自己写下了祝福，他不仅没有一句回话，竟是连钱也忘了取。去邮局补寄的时候，李超气咻咻地讲给女孩子听。她凝神听了一会儿，插话道："我觉得未必是你父亲忘了，说不定他是想要将这张有祝福的汇款单留下作纪念呢。"李超愣住了，随即摆手，说："怎么可能呢？他从来都不是这样细心的人。"

但父亲，的确是这样细心的人。而且，这个秘密，他自始至终对谁都没有讲过。那年春节，李超无意中拉开父亲的抽屉，才看见了那张被他放入收藏盒中的汇款单。那句短短的祝福，父亲早已看到，且以这样的方式，藏进了心底。

父爱是无声的，而母爱是滚烫的，冲击着人们的心窝。古今中外，无数的人用大量的文字记录下母爱的伟大，母爱如水，仿佛清泉般滋润着人们的心田。

日本的讽刺明星兼导演北原武在母亲去世，才回故乡奔丧。许多年，他都不曾回到故乡，因为他心里一直不怎么喜欢母亲，原因只有一个——母亲一直不断地向他要钱，只要他一个月没寄钱回家，母亲就打电话对他破口大骂，真是名副其实的“死要钱”。北原武越出名，她索取的钱越多。回到家之后，他还是忍不住大哭一场，想到他一直在外，没有好好供养母亲，虽然是“死要钱”的母亲，他还是觉得亏欠母亲。等办完丧事，北原武正要离开家的时候，他的大哥把一个小包袱给了他，说：“这是妈妈叫我一定交给你的。”

北原武小心翼翼地打开小包袱，看到一本存折与一封信，存款是用他的名义开户的，存款金额为数千万日元。

信中，母亲写道：“武儿，在这几个儿女当中，我最担忧的就是你，你从小就不喜欢念书，又乱花钱，对朋友太慷慨。当你说要去东京打拼时，我就很担心你会变成一个落魄的穷光蛋，因此我每月从不间断地要你寄钱回家，一方面可以刺激你去赚更多的钱，另一方面也为了替你储蓄。你给我的钱，我一毛都没有花，你大哥一家把我养得好好的，你的钱就是你的钱，现在就拿去好好利用吧！”

看完了信，北原武哭倒在地上，久久站不起来……

父母对我们的爱往往不能让我们理解，欣然接受。但是可以肯定的是：父母深爱着子女，因为子女是与他们血脉相连，有血缘关系的人。这种爱会随着时间变得越来越浓，而人们要用自己的方式回报父母，才不会愧对他们的恩情。

还有一个故事是这样的：

有位绅士在花店门口停了车，他打算向花店订一束鲜花，请他们送去给远在故乡的母亲。

当他正要走进店门时，发现有个小女孩坐在路上哭。他走到小女孩面前问她说：

“孩子，为什么坐在这里哭？”

“我想买一朵玫瑰花送给妈妈，可是我的钱不够。”孩子说。

看着这个可爱的小女孩，绅士感到一丝丝心疼。

“这样啊？”于是绅士牵着小女孩的手走进花店，先订了要送给母亲的花束，然后给小女孩买了一朵玫瑰花。走出花店时绅士向小女孩提议，要开车送她回家。

“你真的要送我回家吗？”

“当然啊！”

“那你送我去妈妈那里好了。可是叔叔，我妈妈住的地方，离这里很远。”

“早知道就不送你了。”绅士开玩笑地说。

绅士按照小女孩说的一直开了过去，没想到走出市区大马路之后，随着蜿蜒山路前行，竟然来到了墓园。小女孩把花放在一座新坟旁边，她为了给一个月前刚过世的母亲献上一朵玫瑰花，而走了很这么的路。

绅士将小女孩送回家中，然后再度折返花店。他取消了要寄给母亲的花束，而改买了一大束鲜花，直奔离这里有五小时车程的母亲家中，他要亲自将花献给母亲。

小女孩对妈妈的爱让这位绅士深受触动。面对生命中最重要的人，人们常常不是铭记于心，而是忘到了脑后。

很多人都有这样的感受：成家多年了，虽然和父母同住一个城市，由于忙的事挺多，不经常回家。总觉得走到哪里也是父母的孩子，回家多一回少一回无所谓，却在突然间醒了过来，自己想得大错特错。因而，回父母家的时候，站在门外，总感到内疚，像一个做了坏事的孩子将要见到大人那样，心里忐忑不安，总好像谁在责备自己。敲门的时候，猜想着两位老人在家正做着什么，是不是受着冷清和孤独的折磨。进了家门，看到父亲渐渐苍老的脸，母亲绺绺花白的头发，有一种心痛的感觉：这就是可爱而可亲的爹娘啊，我怎会忍心将生养自己的最亲的人完全不放在心上？而他们的爱却伴随我到了天涯海角每一个地方。父母是我们生命中最重要的人，我们要铭记他们。

心若在，幸福就在

心门敞开，方见幸福。心是幸福开始的地方，也为幸福指明了方向。比海深、比天高的心胸，才能容纳无限的幸福。在忙碌、烦恼时，一定要提醒自己：关上烦恼的门，打开心灵的窗，其实，我很幸福。

心是幸福开始的地方

幸福在哪里？不妨问问自己的心。我们要放下散乱的心，提起专注的心；放下专注的心，提起统一的心；放下统一的心，提起自在的心。唯有这样，才能放松身心，提起正念，彻底放下，从头提起，由此方能悟道。

一位国王总觉得自己不幸福，明明自己是一国之君，要风得风，要雨得雨，却总是感到失落，于是就派人四处去找一个感觉幸福的人。

寻找幸福的人碰到人便上前询问："你幸福吗？"回答总是：不幸福，我没有钱；不幸福，我没亲人；不幸福，我得不到爱情……就在他们不再抱任何希望时，从一个阳光照耀着的山冈上传来了悠扬的歌声，歌声中充满了快乐。他们随着歌声找到了那个"幸福人"，只见他躺在山坡上，沐浴在金色的暖阳下。

"你感到幸福吗？"

"是啊，我感到很幸福。"

"你的所有愿望都能实现？你从不为明天发愁吗？"

"是的。你看，阳光温暖极了，风儿和煦极了，我肚子又不饿，口又不渴，天是这么蓝，地是这么阔，我躺在这里，除了你们，没有人来打搅我，我有什么不幸福的呢？"

"你真是个幸福的人。请将你的外套送给我们的国王，国王会重赏你的。"

"外套是什么东西？我从来没有见过……"

连外套都不知道的人却将幸福诠释得如此美好，实在令人不可思议。当然，故事里的“外套”并不是真的指代外套。其实，国王要找到真正的幸福，就得先找到自己的心。

每个人都在追寻着幸福的足迹，每个人对幸福的诠释都不同，正如从万花筒里看世界多姿多彩。这个故事告诉我们幸福真的只是一种内心感受，是一种自我感觉，关键是如何用一个良好的心态来把握这种感受和感觉。幸福与否，是可以自己选择的！

刘英的大姨是一位很乐观的人，她当了半辈子的工会主席，除了工作上的大事小情，平时谁有个什么事都爱找她聊聊，她见着谁都有说有笑，活得很快乐。

退休后受周围人的影响，刘英的大姨开始对炒股票产生了浓厚的兴趣，刚进去那几年，恰逢股值节节上升，她真还从中赚了不少钱。她逢人就说自己眼光独到，毫不掩饰那份快乐。随后，不专业和任性使她在股市上摔了一大跤，把赚的钱全部赔掉了，眼见几年来累积的财富化为乌有，她不由得心痛又不甘，无限懊恼地埋怨自己的错误。

尽管人们都劝她从另一个角度看待这次亏损，只当不曾赚过那笔钱，同时也用庆幸没赔进本钱的话来安慰她，以冲淡她心中的苦恼，她却始终忘不掉那笔价值相当于两套房子的亏损，终日紧锁眉头，进而深居简出，自闭得让身边的亲戚朋友都为她感到不安。

有一次，刘英在家人的宴席上与大姨同桌，看到大姨比以前消瘦、憔悴多了。大姨说自己很难再感受到生活中还有快乐的事情，曾经没有得到过那笔钱也就无所谓，可当那些钱明明已经属于自己时，却一下不见了踪影，这让她一直活在深深的懊悔当中，真是度日如年，对任何事也提不起兴趣，也不知道每天活着还有什么意义。刘英劝大姨尽快摆正心态，调适好心情，不然，这样长久下去会影响到健康。刘英给大姨讲了自己在杂志上看到的关于一位可爱老人的故事。

诺贝尔和平奖获得者、南非黑人领袖纳尔逊·曼德拉在43岁时被捕入狱，被囚禁长达27年。在囚禁期间，他积极锻炼身体和读书，不仅以此抵消了失去自由的寂寞和无奈，而且也为来日东山再起作好了身体及知识上的准备。这些最终帮助他成就了伟业。

曼德拉是一位乐观、受人尊敬的人，即使在最困难的时候，他也总是对自己说："别担心，放轻松，要快乐！"尤为让人感动的是他说起获释出狱当天的心情："当我走出囚室，迈过通往自由的监狱大门时，我已经清楚，自己若不能把悲痛与怨恨留在身后，那么我其实仍在狱中。"

这位可爱的老人大半生都在遭遇不幸，可是从他的身上丝毫看不到不幸的阴影。

痛苦是难免的，如果我们总是愁眉苦脸地盯在让自己不快乐的事情上，一味地抱怨生活不公平，就这么随随便便地把每一天的心情扔进垃圾桶，那么，快乐就很难再靠近我们了。

痛苦只会让我们把生活过成黑白片，而积极乐观的情绪才能让生活变成彩色的。快乐有时只是一种心态，就算有再沮丧的事发生，转念一想，"幸亏只有这样，幸亏没有再大的事情"，就可以调整心态，获得幸福。有时为了快乐不妨有点阿Q精神。

有一次，美国前总统罗斯福的家中被盗，家里值钱的东西被洗劫一空。罗斯福的朋友知道后，都安慰他，让他不要太在意。谁知罗斯福却说："亲爱的朋友，谢谢你们的安慰，我现在很好。感谢上帝，因为：第一，贼偷去的是我的东西，而没有伤害我的生命；第二，贼偷去的只是我的部分东西，而不是全部；第三，最值得庆幸的是，做贼的是他而不是我。”

我们就需要这样的心态。快乐不会从天而降，快乐只属于热爱生活、珍惜生命的人。

环顾四周，有的人为事业不顺利而愁眉不展；有的人为健康有问题而忧心忡忡；情场失意的人为好事多磨而哀怨连连；父母为子女不成才而长吁短叹；更甚的是有些事事称心的人竟然因担忧衰老会来得太早而惶惶不安，备受患得患失的心理所折磨。如果我们只知道放大痛苦，而不知道把握快乐和享受幸福，就如同活在一个污浊的恶世里，一经尘俗所缚，便只能对着“快乐”两个字干瞪眼。

有一年，电视播出了英国女王诞辰的庆典盛况，奇怪的是女王与皇室成员个个都脸色肃穆，完全看不到喜庆场合该有的欢颜。英国贵为世界列强之一，女王无疑集财富、权势于一身，可是就在那一年，她为了儿子媳妇接二连三闹的丑闻而郁郁寡欢。权势无法挽救两个儿子的婚姻，金钱也买不到家庭的乐趣，困于社会地位，兴许她连找个知心朋友透气诉苦的机会都没有，她的难处和痛苦只有她自己的心才知道，这是最大的苦楚。

我们一日放不下执拗的心态，快乐就一日像伸在驴子前面的那根红萝卜，遥不可及。所以，在痛苦中要学会调整自己，学会对自己微笑。要相信，心是幸福开始的地方，即使错过了这次幸福，只要有好的心态，幸福一定会再来。

“曲线”让生命熠熠发光

人生道路，不是一条直线，而是坑坑洼洼、曲曲折折、有时上有时下的。这条人生道路上，既有得意时的欢悦，又有失意时的沮丧；既有顺利的欣慰，又有受挫的苦闷。正因为如此，人生的曲线才变得充实而有意义。毕竟，成功之路不是笔直的阳关道，而是充满荆棘和艰辛的崎岖山径。

古今无数杰出之人，都非一生顺畅通达，而是在磨炼之下，走了许多曲线之后，才得以突破环境，成就自我。人生之路不会永远是一条直线，我们会遇见转弯，也会遇上爬坡与下坡。然而，正因为有这些起伏不断的坡路，我们才有机会从不同的角度，看见多元的美丽世界。

田中光夫曾在东京的一所中学当校工，尽管周薪只有50日元，但他十分满足，认真地干了几十年，就在他快要退休时，新上任的校长以“连字都不认识，却在校园里工作，太不可思议”为由，将他辞退。

这简直是一个天大的坏消息，在这个岗位上辛苦了一辈子，最后却遭到无情的淘汰，年纪一大把了，他该怎么办呢？何况是被辞退回家的，脸上没有光彩，于是，田中一直躲着不敢见人。

田中光夫痛苦了很长时间，觉得生活没有了任何保障和希望，活着一下子失去了意义，他成天苦恼叹气，不知道以后的日子该怎么过。

一天，他得知经营香肠店的山田太太已经去世，食品店也已经关门多天。不巧的是，附近街区竟然没有第二家卖香肠的商店。忽然，一个念头在田中光夫幽闭的心田一闪，为什么不能开一家专卖香肠的小店呢？很快，他拿出仅有的一点积蓄，接手山田太太的食品店，专门经营起香肠买卖。

五年后，田中光夫成了名声显赫的熟食品加工公司的总裁，他的香肠连锁店遍及东京的大街小巷，并且是产、供、销“一条龙”服务，颇有名气的“田中光夫香肠制作技术学校”也应运而生。

一天，当年辞退他的校长，得知这个著名的董事长只会写不多的字，十分敬佩地打来电话：“田中光夫先生，您没有受过正规的学校教育，却拥有如此成功的事业，实在是了不起。”田中光夫由衷地说：“幸亏您当初辞退我，让我摔了个大跟头，才让我认识到自己还能干更多的事情。否则，我现在肯定还是一名周薪50日元的校工。”

田中光夫的遭遇，再次告诉我们一个朴素的真理——在生活中，曲线比直线美丽的地方在于：只有经受过风雨的洗礼，生命才更美丽，才更能显示出它宝贵而华美的价值。

现实就是这样，谁都希望走直线，没有挫折，可是造物主不会让一个处处一帆风顺，事事顺心如意，没有困难，没有厄运，甚至连愤怒和烦恼都没有的人，成为强者、栋梁、大人物。处在绝望境地的奋斗，最能启发人潜伏着的内在力量；没有这种奋斗，便很难发现真正的力量。

如果林肯是生长在一个庄园里的阔绰公子，进过大学受到高等教育，没有经历过上流社会人们的打压，他也许会成为美国总统，但永远不会成为如此深入人心的美国总统，不会成为名载史册的伟人。如果拿破仑在年轻时没有遇到什么窘迫、绝望，他绝不会如此多谋、镇定、刚勇。因为，一个人处在安逸舒适的生活中，便可以不需要艰苦努力，于是就会减少个人奋斗，没有了和苦难、逆境斗争的智慧以及在斗争中形成的坚毅品格，怎能成就伟大？

生活真是如此，一时的痛苦根本算不了什么，即使看似坏的，也不见得真是件坏事，关键是，我们要在这种痛苦的刺激下，求新图变，让自己拐个弯，从而最大限度地发挥潜能，要相信幸福就在不远的前方，自己一定能够到达。体坛上的三个成功者，便是在最关键的时刻，拐弯绕过了曲线。

在少年时，刘翔就表现得非常出众，身体素质也非常棒，上海市普陀区体校的教练顾宝刚便将他招入名下练习跳高。

刘翔从小就十分好强，勤奋刻苦地练习，成绩也提高得很快。但他的横杆水平在快速提高一定阶段后，就没有了起色，很难再进步。刘翔很着急，以为是自己不够努力，于是就给自己加码，他想用更加刻苦的训练提升成绩。可无论怎么努力，他提升的空间还是微乎其微。

顾教练找到刘翔，无奈地表示："如果你的腿再长五厘米就好了。以你现在的身高最多也就是个亚洲冠军，你好好考虑一下是否放弃跳高？"已经付出了这么多努力，现在却因为自身条件不足而要选择放弃，刘翔非常痛苦，他又不得不接受这个现实。在顾教练的建议下，他开始改练跨栏。

2004 年雅典奥运会 110 米栏赛场，刘翔矫捷地跨越一个个横栏，风驰电掣地第一个冲过终点，令世界震惊。电视机前的顾宝刚教练感慨道："幸亏他拐了一个弯，不然哪来今天的成就。"

而美职篮球员勒布朗·詹姆斯的职业生涯，也曾走过曲线。

勒布朗·詹姆斯上学后就迷恋上了美式橄榄球，他梦想着长大后，成为一名美式橄榄球明星。12 岁时，一次意外受伤让詹姆斯面临痛苦选择：要么换位置，要么放弃橄榄球。经过一番痛苦的权衡，他决定放弃橄榄球。

之后，詹姆斯拿起了篮球。很快，他的篮球天赋展现了出来。

如今，詹姆斯已经成为美职篮中红得发紫的年轻球员，这个美国小子被热爱他的篮球迷们称为“小皇帝”。

没有当初的曲线，如今的美职篮又少了一位球星。曲线看似会绕弯、绕远，但一点都不会妨碍我们走向成功，反而会让我们到达更高的山峰。

伊辛芭耶娃从小就非常喜欢体操，在世界冠军梦的吸引下，母亲将她送去练习体操。她挥汗如雨地练习着，严冬酷暑，舍不得荒废丝毫时间。然而，没练习几年，一片阴云开始漫上她的心头：她的个子越长越高。

在体操队里，人长高，意味着土豆发芽，是要被“扔掉”的。想一想，本来你可以在空中翻四个跟头，却由于长得太高，只剩两个半了，怎么去和他人竞争？

伊辛芭耶娃不得不落寞地离开了体操队，但世界冠军梦却依然在她的内心燃烧着。她开始将自己的梦想寄托到撑竿跳——这是一个身材越高优势越大的运动项目。

今天的伊辛芭耶娃不仅获得了奥运会、世界田径锦标赛等各种大赛的冠军，而且不断刷新着女子撑竿跳的世界纪录。

他们三位的成功，告诉我们一个朴素的道理：人生的目标很难一次选准，拐个弯，重新开始，或许能见到更加旖旎的风景。有时，不是直线又何妨呢？多一条弯路，我们就会多一份生活的体会，就会多出一份人生的智慧。人生的弯路，实际是一种历练，也是一种财富。

正由于人生有迂回曲折的经历，生命才变得充实而有意义。当一个人，走完了自己的坎坷旅程蓦然回首时，他定会为自己留下的曲折但执著的印迹而欣慰，对大千世界报以满意的一瞥……人生的曲线，给人信心，给人希望，激人奋进，展示了人类奋斗的力量和力量的美。

人生对于我们每一个人来说，何尝不是一个个负重爬陡坡的过程呢？我们精疲力竭地拼命走直线，期望用最短的时间最快登临人生辉煌的顶点，但结果恰恰是那些走曲线的人走在了我们前面，他们镇定、从容，用智慧的曲线分解了人生的漫漫陡坡。

人生的陡坡上，直线并不是最短的距离，能够使我们更省力、更轻松达到成功顶点的是曲线一样的生活智慧。

其实，走一走人生的曲线、走一走人生的弯路又何妨呢？人生的陡坡上“曲”是一种经验，“曲”是一种智慧，多一步弯路，我们就会多出一份生活的味道，就会多出一道人生别样的风景。

心有多大，世界才有多大

在工作、生活中，总会有突如其来、纷繁复杂的事情不断干扰着我们的心，我们在忍受的同时亦接受着考验——考验我们的心有多坚韧，胸怀有多宽广。也许没有人的肚量可以大到能撑船的地步，这句古话只是用来捧人和自诩的。但是我们可以试着深吸一口气，把眼光放远一点点，也许你能看到和现在完全不同的景象。

拿一张A4的白纸举在A、B、C三个人的面前，集中注意力盯着这张纸看五秒钟，然后让他们分别说出自己看到了什么。

A说：“我看到了一张白纸。”

B说：“我什么也没看见。”

C说：“我看不到尽头。”

我们会是A、B、C中的哪一位呢？还是另有答案？

相比三者的答案中，C的心境更令人欣赏。他的目光不只是盯在当下这一张纸上，而是超越了事物本身，想到了未来。这样的人，眼界往往比较高远，心胸比较宽广，也容易成就人生。人们常拿“世界有多大，心就有多大”来夸耀人的志向远大，但是如果你将顺序颠倒一下，改为“心有多大，世界才有多大”，就会发现人生的另一层禅理。

当心禁锢了我们的思想之后，画地为牢，即使世界有无限大，也会被我们的心圈住，让我们与世界划清了界限。

回首走过的路，我们会发现，很多困难当初让我们觉得天都快要塌了，现在看来只不过是一些鸡毛蒜皮的小事；很多指责曾经让人感觉窒息，现在却只觉得可笑；很多当时令人痛苦万分的事，现在也只是茶余饭后的闲聊话题罢了。不都过去了吗？再痛苦、再不幸也只是一个过程，把眼睛看得远一些，把心灵放大一些，不要让那些不快停留在我们眼前和心中。

所以，当我们目前无力反驳别人的错误指责，当我们面对上司的无理要求而反抗无效，当我们遇到形形色色的不公待遇无能为力的时候，看远一点点吧。没必要让这些负面情绪持续影响我们的心境，适时地告诉自己：“他的计较是因为他的心只装得下眼前，而我的心应该装得下过去、现在和未来。所以，有必要和他一般见识吗？”

说到这里，不由想起一句禅语：“菩提本无树，明镜亦非台。本来无一物，何处惹尘埃？”

不要为了眼前的一些事过于执著和计较，那会把我们的心变小。心小了，怎能装得下大千世界呢？

古代有一个秀才经常到寺庙同和尚一起参禅悟道。在参禅的过程中，与一个老实厚道的和尚相交甚好，秀才平时精灵多怪，总占老实和尚便宜。

有一天，秀才问和尚："和尚，你眼中的我像什么呀？"和尚老老实实地说："阿弥陀佛，我看你像一尊佛。"

秀才高兴得手舞足蹈，对和尚说："可是，你知道我看你像什么吗？你往那儿一坐，就像一堆牛粪似的。"说完，秀才哈哈大笑，和尚既没有生气，也没有发怒。

晚上回到家，秀才很得意地把这件事告诉了自己的妹妹，他的妹妹倒是很有见地，冷笑着对哥哥说："哥哥，就你这样的悟性还参禅呀？参禅讲的是见心见性，人心中有，眼中便也会有。和尚说你像尊佛，说明他的心中有佛，正因为心中有佛，才能对你的无理不争不怒。你看他像牛粪？那你就问问你心里装的是什么吧！"秀才一听，惭愧极了，对和尚也尊敬了起来。

每个人看见的外在世界，无非是心灵的一种折射。我们所看见的，必定是心中所有的。心灵怎样，我们表现出来的状态就会怎样。

其实，人与人之间原本没多大区别，只是由于各自心中的世界不同，而有截然不同的人生结局。

三个工人正在砌一堵墙。有人过来问："你们在干什么呢？"

第一个人无精打采地说："没看见吗？砌墙。"

第二个人抬头笑了笑，说："我们在盖一幢高楼。"

第三个人一边干活一边哼着歌曲，他的笑容很灿烂，说："我们在为别人创造更美好的生活！"

10年后，第一个人在另一个工地上砌墙；第二个人坐在办公室中画图纸，他成了一名工程师；第三个人呢，则成了前两个人的老板。

这个故事告诉我们：眼睛能看多远，心才有多大；心有多大，世界才有多大。

有时，我们会抱怨世界不够大，舞台也不够大，无法容纳我们去好好施展才华，其实，世界和舞台的大小来源于我们的心。你的心有多大，舞台就有多大，要成就梦想，只有壮大自己的心灵空间，做到心胸宽广、眼界高远，才能取得最大的成功。

音乐家谭盾初到美国时，只能靠在街头卖艺生存，那时有一个最赚钱的地盘——一家银行的门口。和谭盾拉琴的还有一个黑人琴手，他们配合得很好。后来谭盾用卖艺赚来的钱进入大学进修，10年后，谭盾已是一位在国际上知名的音乐家。一次，他发现那位黑人琴手还在那家银行门前拉琴，就过去问候。那黑人琴手开口便问："嘿！伙计，你现在在哪个赚钱的地盘拉琴？"

显然，他们已经有了天差地别的变化！

什么样的心态产生什么样的结果，心态也直接影响着一个人以后的发展前途。开阔的心胸，开放的视野，才能让我们抓住更多真正的机会。所以，我们没有必要总抓着生活中的一些小事不放手，将心情停留在那一刻的悲伤情绪里；也没有必要因为周围人的怀疑而不敢心存高远，放飞属于自己的梦想，否则这样只会限制了我们的思想、心灵和道路。

要记住，心有多大，世界才有多大。

提醒自己"很幸福"

幸福是什么颜色？赤橙黄绿蓝靛紫？都不是。幸福的颜色可能是透明的。因为，我们总是一不小心就忽略了它的存在。幸福是需要提醒的，人们常常不知道幸福就在身边，真的得到了，幸福感就失去了。

有人说，人们追寻幸福，就像一个老妇人急着寻找她所遗失的眼镜，后来却发现它好端端地架在自己的鼻梁上。当我们急急忙忙想去寻找幸福时，却忘了幸福可能是自己鼻梁上的眼镜，其实它一直都存在，只是我们没看见。

有一个成语叫“习而不察”，意思是说人长期处于某种情况下，由于太熟悉了，便因习惯而麻木，没有感觉了。所以，我们要经常提醒自己，不要到失去时才想起曾经的幸福。幸福需要提醒，否则容易被我们忽略掉。

从小，我们就生活在长辈的提醒当中，妈妈说，多穿衣服别感冒；爷爷说，上学时听老师的话；老师说，回家别忘写作业……提醒让我们变得警觉，提醒也让我们时刻清醒。事实上，提醒产生的积极影响肯定要比无意识好得多。

所以，当痛苦来临时，我们应该提醒自己，事情还不糟糕，我们还有许多机会，不要让悲观的情绪影响了一天的心情，影响了可以从容应对的生活。

所以，当我们守着年迈的父母，哪怕他们唠唠叨叨，我们也应该提醒自己，有父母在已经很幸福了，这要比失去他们要好上一万倍。

所以，当严冬来临时，我们要提醒自己，寒冷算不了什么，可以喝到热热的果汁，可以快乐地去滑雪，可以躲在温暖的被窝里，此时，心里定会泛起浓浓的暖意。所以，即使我们一无所有，也应该提醒自己：我很幸福，因为我还有健康的身体。即使不再享有健康的时候，我们依然可以微笑着说：我很幸福，因为我还有一颗健康的心。甚至当我们即逝去的时候，仍旧可以对宇宙大声说：我很幸福，因为我曾经生活过。

所以，在事业上，我们要不断进取，得到更进一步的成功，得以不断地满足。在生活上，我们在不断向上的时候还要不断地提醒自己“我很幸福”，这会让我们得到的幸福更加持久。

有一个人上山朝拜，忽然问禅师：“我从来没有感觉过幸福，世上有幸福吗？”

禅师回答说：“当然有了！”

那人说：“我不相信，如果有的话，你证明给我看。”

禅师说："可以，从你旁边的那桶水里就可看见了。"

那人怀疑地走到水桶边，除了自己的倒影外，什么也没看见。

他说："在哪里？我什么也没看见。"

禅师要他靠近点再看。他靠近低头再瞧时，禅师伸手将他的头压入水中。那人挣扎了许久，好不容易才从水里将头伸出水面。

他大口地喘气，非常不高兴地对禅师说："你这是在干什么？我差点给憋死了！"

禅师微笑着说："你现在离开了缺氧的水中，回到空气中享受畅快的呼吸，难道不觉得这就是一种幸福吗？"

幸福就是如此简单。生活中处处皆是幸福。

幸福大多数是朴素的。它不像信号弹似的，在很高的天际闪烁红色的光芒。幸福只会披着本色的外衣，亲切温暖地将我们包裹起来。就像回到家中，妻子早已为你准备好了酒菜；你累了，为你沏上一杯清茶；孩子见到你，亲切地喊你一声"爸爸"……父母的关心、姐弟手足情深、朋友的温暖、爱情的甜蜜，这些都是幸福。虽是粗茶淡饭般的平凡，却是实实在在的幸福。想想，如果有一天我们生活中没有了这样的场景，没有了温暖的饭菜，没有了孩子的呼喊，没有了父母的关爱，生活又将是怎样？可是，这些习以为常的幸福都被人遗忘了。

只因幸福不喜欢喧嚣浮华，常常在平淡中降临。贫困中相濡以沫的一块蛋糕，患难中心心相印的一个眼神，父亲一次粗糙的抚摸，女友一个温馨的字条……幸福其实是一种很微妙的东西，有时似乎感觉不到它，但它却无时无刻不存在于我们身旁，我们需要提醒自己，才会感到幸福的存在。

1924 年，罗素来到中国的四川，当时正值夏天，四川的天气非常闷热。罗素和陪同他的几个人坐着那种两人抬的滑竿上峨眉山。山路非常陡峭险峻，几位轿夫累得大汗淋漓。罗素作为一个思想家和文学家，见到此情此景，没有了心情观赏峨眉山的景观，而是思考起几位轿夫的心情来。他想，轿夫们一定痛恨他们几个坐轿的人，这样热的天气，还要他们抬着上山；甚至他们或许正在思考，为什么自己是抬轿的人而不是坐轿的人？

罗素随着滑竿一上一下的韵律思考着，转眼到了山腰的一个小平台，陪同的人让轿夫停下来休息。罗素下了竹轿，认真地观察轿夫的表情。他看到轿夫们坐成行，拿出烟斗，又说又笑，讲着很开心的事情，丝毫没有怪怨天气和坐轿人的意思，也丝毫没有对自己的命运感到悲苦的意思。他们还饶有趣味地给罗素讲自己家乡的笑话，很好奇地问罗素一些外国的事情。他们在交谈中不时发出高兴的笑声。

后来，罗素在他的《中国人的性格》一文中讲到了这个故事。而且，他得出了一个著名的人生观点：用自以为是的眼光看待别人的幸福是错误的。或许自己不能理解别人追寻幸福的途径，但这并不妨碍自己找到幸福的归属。

有一次，小雅和姐妹几个聚会，小雅给她们讲了自己身边发生的一个故事。

一次，小雅去上海旅游，在黄浦江边的人海里，竟然碰到了多年前的一位老同学。她看起来年轻极了，没有了几年前总是皱着眉头的苦难模样，站在小雅的面前谈笑风生。看到她的变化，小雅大吃一惊，于是问是什么赶走了她脸上的愁云，让她整个人看起来青春焕发？是不是有什么特别的事情发生呢？

老同学笑了笑，对小雅说："也没有什么特别的事情，经过五年前的那件事，让我看明白了人生的幸福在于自己的态度，你认为自己幸福时，你一定就会幸福起来；你要认为自己不幸时，你就一定会很不幸。所以，我现在不去想那些不开心的事情，只想想开心的事，然后提醒自己其实很幸福。”

五年前，小雅的老同学经营了一家装饰公司，但最终却以失败告终，并欠下了亲戚朋友一大笔钱。那时的她长吁短叹，整日愁容不展，也忽略了对丈夫、女儿的照顾，一家人没有任何欢声笑语。

小雅的老同学接着说：“有一天我低头走在大街上，忽然看到一个用脚写字的女子。那是大冬天，我们穿着棉衣棉裤都觉得冷，她却光着脚在地板上一笔一画地写字，我停下来观看，才发现她没有双手，双腿也是畸形，只能靠一块绑着滑轮的木板‘走路’。她的字写得非常好，是很工整的行书。在那一刹那，我突然感到我是一个多么幸福的人，至少我还有健康的身体，还有可爱的女儿，还有值得我去倾心照顾的家，难道我不应该为此而感到幸运吗？从那以后，我就振奋起来，碰到任何事情，我都提醒自己很幸福，提醒能让自己幸福的事情。每天，我都为自己假想一个幸福的游戏，每天早晨下床之前，先默默地把与有关幸福的一切想法在脑海中回想一遍，同时在脑中描绘出一天可能会遇到的幸福蓝图，然后愉快地对自己说：‘真好，幸福的一天又开始了。’其间，若有不幸的想法进入我的脑海，我就立即用幸福的想法将不幸摒除在外。这个游戏好奇妙！所有的一切又都有了转机。我重新开始了一份工作，丈夫和女儿也都很好，这就是我快乐的秘密。”

“幸福的游戏”能帮助我们养成幸福的习惯，如此一来，不论面临什么事，“幸福的游戏”将产生积极性的效用，帮助我们面对任何事，甚至能够将困难与不幸转为幸福。

在一次人防工程坍塌事故中，一位老伯的左腿被砸在钢筋水泥下，为了挽救他的生命，五个小时后，医生不得不当场锯掉那条左腿，痛苦的场面让所有的人都流下了眼泪。几天后，当记者到医院采访老伯时，他的情绪状态却很好，他很乐观地说："当时说要锯断我的腿，我也快吓晕了，但只有这样才能挽救我的生命啊！和那些在事故中死去的人相比，我已经算是万幸了！"

虽然老伯失去了一条腿，但他还活着，还能感受生活中的点点滴滴，还能爱人和给人以爱，这是多大的幸运呀。

想想，如果老伯怀抱着一种不幸的心态，抱怨为什么那么倒霉，且因偏偏砸到了自己而整日愁苦不已、唉声叹气，又能改变什么呢？所以，事已至此，不如用乐观的心态，假设自己正在玩"幸福的游戏"，时刻不忘提醒自己很幸福。

在生活中，我们总会遇到麻烦事，然而，如果我们细心地观察就会发现，实际上我们做的所有事绝大部分都是顺利的，只有一小部分存在麻烦，因此，能让我们幸福的秘诀就是将自己的注意力集中到那些顺利的事情上，让最得意的事每天在脑海里萦绕，并时时提醒自己很幸福，毕竟，路还要继续走下去，不要因为悲伤而忽略了路上其他的风景。

心的孤独不妨碍幸福的降临

"孤独和幸福之间有联系吗？"也许很多人会对这个问题感到疑惑，一时答不上来。孤独能让我们安静思考，能让我们沉下心来与自己交流、了解内心、及时反省，这是我们走向幸福的有利条件。其实我们大可放心，心的孤独不会妨碍幸福的降临。

有一个人，因为出了一本畅销书，一下成为大众眼里的明星。可从那以后，朋友们就不太容易找着他了。大家总说他变得奇奇怪怪的，十次打电话，有九次他是关机的，往家里打亦是没有人接，有人说他在耍大牌，有人说他有了名利就忘了朋友。那天一个朋友终于拨通了他的电话，朋友开着他的玩笑说："找你好难啊！是不是带美女去哪儿度假了，还是外界的采访太多，忙不过来？我们都见不到你的人影了。"

他很禅意地告诉朋友："知道吗？我在享受孤独。"

享受孤独？他不是在有意回避这些朋友，而是刻意躲避着鲜花和掌声，不愿受到这些表面上的追捧，愿意在孤独中继续沉淀自己，等待再次飞跃。

其实，我们不应该将孤独遗忘，真正的孤独是一种享受。它教我们远离红尘，冷静地想想自己的过与失，还能把自己放在一个适当的角度深刻解剖。

有句歌词是"孤独的人是可耻的"，因为这意味着没有朋友，生活单调。但孤独也是一种奢侈，孤独需要时间、空间和心情。太忙碌，连喘息的机会都找不到，别说享受孤独，就连享受一个人的时光都很难。生活中，好像每件事都和自己有关，我们停不下匆忙的脚步……

有多少日子我们浑浑噩噩地度过了！当今社会，充满了喧嚣和浮躁，很多人在这样的浮躁中迷失了自己。尽管每天都很忙碌，有很多事情要做，但我们似乎只是为工作而工作，找不到乐趣和意义所在。我们心灵的空间一天一天在缩小，生命的风帆也渐渐萎缩，飘摇着找不到前进的方向。那些"热闹非凡的景象"究竟给我们的生活留下了什么？

小乐在现在的公司工作有五年多了，每天早出晚归，很卖力地工作，也取得了不错的成绩。可是他最近却发现自己很迷茫，业绩上不再有提高，和同事之间的关系也变得不自在，一些明明能做好的事情，现在却有些不知所措，精力完全集中不起来，浮躁和厌倦的情绪包围着他，使他想要逃离，逃得越远越好，逃到新的环境和生活状态中去。

与这种痛苦情绪纠缠了半年之久，他告诉自己要冷静下来好好想想，一切是怎么了。好不容易，他抽出几天时间，带上点简单行李，在郊区租了间农家院，与世隔绝，他每天一个人吃饭、散步、睡觉，和小狗对话，和自己聊天。七天之后，他又精神饱满地回到了单位。

小乐的情况是当代人很常见的心理迷失现象。其实，就算小乐立刻换了一份工作，情况也未必有所改善，他需要的是一个孤独的环境，在不受任何事情干扰的情况下去了解内心的变化，听听心灵真实的声音。

如果一个人的生活、工作总是太满，没有留出足够的时间来给心灵上上油，就很容易出现迷茫感，有时就像掉入一个泥潭，怎么也拔不出双腿。其实，给自己留出孤独的时间，和心灵对对话，调适心情，就犹如一根希望的绳子，总能把我们拉出泥潭。

孤独是为了能再次幸福。那么，孤独和成功有联系吗？

当然也有，孤独能让自我的心灵解放出来，远离无关紧要的事情，把注意力放在必须做的事情上，更加看清过去、现在与未来，坚定前进的道路。当心灵的空间渐渐扩大，对自我的了解也就更加透彻，而成功的力量正是来源于此。

作个小的测验：拿出笔和纸，写上过去五年来的变化，看看答案是否令自己满意，然后问问自己，满意在哪里，不满意又在哪里。

不管这五年来的改变如何，不管改变是正面还是负面，这个小游戏就是教我们要及时反省。问问自己，常常反省吗？知道自己是个什么样的人吗？这几年有哪些改变？

如果能随时反复诘问自己过去的变化，就可以总结前面走过的路是对还是错，若是正确，则往后当然可以继续以此态度走下去；万一是错误的，也可以加以修正。如此，则可以帮助我们随时调整方向，找到最正确的道路。

给自己留出孤独的时间去反省，是一种智慧和力量，反省能随时了解自己的思想、情绪与态度，从而弥补短处，纠正过失，不断完善自我。这样才能使人达到更高的境界。

多给自己孤独的时间反省自我，这样才能充分地认识并敢于直面自己的缺点和不足，才能逐渐塑造出完美的人格。

人需要群居，也需要独处。因为人不仅需要彼此交流、相互沟通，同样，独处静思、盘点生活、与自己的交流也必不可缺。

澳大利亚有一位动物学家从亚马孙河流域带回两只猴子，一只壮硕无比，一只瘦小羸弱。动物学家把它们分别关在两只笼子里，每日精心喂养，观察它们的生活习性。一年后，大猴子死了，小猴子还活得好好的，为了不中断研究，他又捉住一只壮硕的猴子，可是不久，这只壮硕的猴子又死了。数年后他又重返那个地方对猴群进行研究，结果发现，凡是体格壮硕的猴子，很少能静下来，它们总是处在不停地追逐嬉闹之中。而那些瘦弱的猴子更善于独处，它们晒太阳、闭目养神，保持情绪的平稳，所以能长时间地活下来。这位动物学家因此得出结论：缺乏交往的生活是一种缺陷，缺乏独处的生活则是一种灾难。

人生在世，既要善于与人交往，重视从人际交往中获取乐趣，更要重视内心世界的建设，懂得与自己的心灵交谈，从优雅、宁静的独处中感悟人生。当然，这不是主张要离群索居，整天把自己关在屋里耽于幻想，而是把独处静思融入工作、学习之中，使之成为自娱自乐的一部分。

其实，拥有宁静的心灵世界本来就是美好生活必不可少的，每个人内心深处都需要有这样一个避风港湾。当我们在人生路上感觉疲惫的时候，不妨在此享受片刻的温馨，将生活的琐碎和工作的压力都抛在脑后，静静聆听心灵的声音，与自己交谈。

在孤独中与自己交谈、与自己相处是一种艺术、一种境界。在与自己的谈话中，我们才能发现一个真实的自己，保持一份冷静和坦然。在与自己谈话时，我们才能顿悟。当我们面对自己，便可摘下所有的面具和包袱，彻底放松，把心灵的真实情感和盘托出，细细梳理，慢慢品味。当面对自己，回首往事，正可以给自己一个静思内省、扪心自问的机会，净化藏污纳垢的灵魂。

孤独是一种心境，淡雅而不失魅力，沉静而蕴涵哲理。因为孤独，心灵的尘埃才会得到彻底的洗涤与洁净；因为孤独，世俗的心才会更远离尘埃。

所以，我们必须腾出时间和自己相处，因为它给了我们繁忙生活中一份难得的闲暇，给了我们浮躁心灵一份真挚的沉淀，也给我们忙碌的心灵一次反省的机会。更重要的是，孤独让我们学会了和自己相处，和自己相伴，可以充分享受翱翔于心灵世界的那一份轻松。

幸福自有好风景

每一道风景从眼前经过，每段缘分与自己重逢再离别，仔细回味一番，充分享受个中的滋味，不必对得失耿耿于怀，在痛苦时想想快乐，在快乐时忆忆苦楚，始终保持心情的平和，生命才会充满温暖柔和的色彩。等到缘分过了，风景没了，还有另一波风光和快乐，之前的一切便可放下，享受眼前此刻。开始的背后是放下，为什么人们悟不到呢？

我们越是超然地对待生活，就越有可能清醒地审视生活中我们真正的需求。而当我们对生活所需越有清楚的认识，就越能投入更多的精力来满足这些需要，并且，因为专注，因为精力充沛，实现目标的可能性也就越大。这一切都是环环相扣的。

当我们陷入迷惘、思想混乱时，不仅对美无动于衷，同时也对自我以及内在力量变得麻木不仁。这正是我们思想越乱就越感到委靡不振的原因所在。因为念头总是一串接着一串，虽然之间的联系并不密切，但关键在于它们都会耗损我们的精力。当用以维系正常思维的精力被耗得一干二净后，人就变得麻木迟钝，如此一来，我们就缺乏足够的智慧来解决当前问题。

庄子到楚国去，途中见到一个骷髅。庄子用马鞭从侧旁敲了敲。

于是问道："先生是贪求生命、失却真理，因而成了这样呢？抑或你遇上了亡国的大事，遭受到刀斧的砍杀，因而成了这样？抑或有了不好的行为，担心给父母、妻子儿女留下耻辱、羞愧而死？抑或你遭受寒冷与饥饿的灾祸而成了这样？抑或你享尽天年而死去成了这样？"

庄子说罢，拿过骷髅，当做枕头而睡去。

到了半夜，骷髅给庄子显梦说："你先前谈话的情况真像一个善于辩论的人。看你所说的那些话，全属于活人的牵累，人死了就没有上述的忧患了。你愿意听听人死后的有关情况和道理吗？"

庄子说："愿意！"

骷髅说："人一旦死了，在上没有国君的统治，在下没有官吏的管辖；也没有四季的操劳，从容安逸地把天地的长久看做是时令的流逝，即使南面为王的快乐，也不可能超过。"

庄子不相信，说："我让主管生命的神来恢复你的形体，为你重新长出骨肉肌肤，返回到你的父母、妻子儿女、左右邻里和朋友故交中去，你希望这样做吗？"

骷髅皱眉蹙额，深感忧虑地说："我怎么能抛弃快乐而再次经历人世的劳苦呢？"

对骷髅而言，不管是否拥有血肉之躯，自己已经找到了幸福的归宿，又何必痴缠世间的一切？

如果想活得轻松，活得开心，活得有意义，就不必在意一些事。不要把自己的时间和精力用在自寻烦恼上，能给我们包袱的只是我们自己。别人的留意只是一时的，很多年以后，再去问别人是否记得自己当年是如何出丑的，很多人肯定已经不记得了，甚至有人已经忘记你是谁了。

从前，有两个人因为偷羊而被抓获，他们将被刺字、发配。家人不想就此见不到自己的亲人，于是筹了钱款来赎他们，结果这两个人都被赎了回来，可是烙在前额的两个英文字母ST却再也不能去掉。ST是“偷羊贼”的缩写，这种刑罚在现在的人们看来有些不人道，但在当时却被认为是惩罚犯罪的最佳手段，因为烙在前额上的字母永远都去不掉，所以人们要想不遭受这种羞辱，不到万不得已就不会以身试法。

可是这两个偷羊人却因为一时贪心，犯下了偷盗之罪，所以就不得不带着那两个代表着耻辱标记的字母，继续在人们面前生活和工作。这对于任何一个有羞耻之心的人来说，都是一种难堪，也是一种考验。

当时，在这两个偷羊人之中的一位，每天从镜子中看到自己前额上的烙印，都觉得这实在是一种奇耻大辱。他简直不能想象自己无时无处都要带着这种耻辱去面对异样的目光。他成天都不敢出门，最后终于连家里人看自己的眼神他也忍受不了，于是他移居到了另一个国家，希望到一个从来没有人认识自己的地方去开始新的生活。

可是，当他来到了这个陌生的国家后，每逢碰到不认识的人时，对方仍旧会奇怪地问他这两个字母究竟是什么意思，他的心情始终不能平静，每天都感觉痛苦不堪，终于抑郁而终。死后，有好心人按照他的遗愿将他埋在了一处荒山野岭之中。那个地方只有他的一座孤坟，也许从此以后他才算免去了心头的羞辱，因为那个地方几乎没有人去。

与前面那个偷羊人不一样的是，他的那个伙伴虽然也深知自己以后的处境，而且他同样对自己过去犯下的罪行感到羞愧，可是他并没有像前面的那位一样远走他乡，而是在人们异样的目光下和一些人明里暗里的嘲讽中留了下来。他心想：虽然我无法逃避偷过羊的事实，但我仍旧要留在这里，赢回我曾经亲手葬送的声誉，赢回众人对我的尊敬。

从此以后，他靠自己的双手辛勤地劳动，用自己的劳动果实来孝顺父母、养育家人，而且每当邻居有困难的时候，他都会义不容辞地主动帮助。一年一年过去，他又重新建立起正直的名誉。邻居们每逢有困难时，首先想到的就是他这个大好人，在邻居的介绍下他还娶了一位温柔美丽的妻子，并且生下了一个聪明可爱的孩子。

时间一晃而过，他的孩子也已经长大成人，而他则成了一位白发苍苍的老人。

有一天，有个陌生人看到这位老年人头上有两个字母，就问一个当地人，这究竟是什么意思。那个当地人说："他的额上有两个字母，已经是多年以前的事了，我也忘了这件事的细节，不过我想那两个字母是'圣徒'的缩写吧。"

第一个偷羊人之所以一辈子闷闷不乐，最后郁郁而终，是因为他放不下对自己的抱怨，所以面对自己已经犯下的错误，选择了逃避。而第二个偷羊人能够放下抱怨，理智地面对曾经犯下的错，并努力改正，这是一种明智的选择，因为逃避不能改变任何事情，而只会使自己的心灵受到更大的伤害。

时间公平地对待每一个瞬间，但人在生命的旅程中却不能停滞不前，总沉湎于过去。只有不停地向前走，才能摆脱重重阻碍，得见白云处处、春风习习的旅行终点。

自己就是所要寻找的金矿

在这个世界上，每个人都潜藏着独特的天赋，这种天赋就像金矿一样埋藏在我们平淡无奇的生命中。那些总在羡慕别人、把眼光看向别处的人，是永远挖掘不到自身的金矿的！

美国田纳西州有一位来自秘鲁的移民，他在居住地拥有六公顷山林。在美国掀起西部淘金热后，他变卖家产举家西迁，在西部买了90公顷土地进行钻探，希望能找到金沙或铁矿，他一连干了五年，不仅没找到任何东西，最后连家底也折腾光了，不得不又重返田纳西州。

当他回到故地时，发现那儿机器轰鸣，工棚林立。原来，被他卖掉的那个山林就是一座金矿，新主人正在挖山炼金，并已经富甲一方。如今这座金矿仍在开采，它就是美国有名的门罗金矿。

这无疑是“有时候，一个人不在乎的、随意丢掉的东西可能就是价值无法估量的金矿”最好的印证；也印证了“成功还没有到来是我们付出得不够，也许再多加1%的力量，我们就能开采出属于自己的金矿”。

所谓风景在别处，我们总是在羡慕别人所拥有的，对自己的优势视而不见，这大概是人类的一种共同特性，只是程度不同罢了。小孩子仰慕大人的成熟自由，大人也会顾念小孩子的纯真率直；女孩子向往男孩子的坚强豪放，男孩子也会偷偷艳羡女孩子的娇嗔灵动；普通人往往钦慕名人的卓越尊显，名人又何尝不垂涎普通人的平凡自适？

羡慕别人没有错，但不要轻视自己、迷失自我。

每个人都有优点，只不过有些已显性表露，有些还埋藏着未被挖掘，关键是我们要认识到，我们本来就拥有一座金矿，不要随意放弃。

赵岩是中文系的才子，写得一手漂亮的文章，毕业后，他竟出人意料地去了深圳一家医药公司做营销员。但是他辛苦地奔波了一年后，仍然业绩平平，还不如那些中学毕业生挣得多。

不服气的他干脆辞职，与两位校友合伙开了一家广告策划公司。三个聪明的脑袋凑到一起，非但没有预想中的那样赚到钱，还因管理不善、分工不清，三个人互相推卸责任，最后落了一个不欢而散，还因此伤了友情。这时，赵岩又四处借贷，独自撑起一个不大的门面，先是卖服装，接着又卖手机，结果还是白白地忙碌了一遭，亏空不少。

转眼间毕业五年了，商海中连连受挫的赵岩，看着昔日同窗在各自的领域里均有不俗的业绩，不由得慨叹自己命运不佳，枉费了自己的聪明和勤奋。

春节，赵岩回到老家，和爷爷坐在火炉旁烤火聊天，赵岩谈起自己涉世之初的一连串跟头，痛苦万分，爷爷笑着说："年轻人摔摔跟头也好，再说了，绊倒你的并非都是石头啊。"

"绊倒我的不是石头，难道还能是金块吗？"他以为爷爷又要用"失败乃成功之母"之类的大道理来安慰他。

"失去并不意味着失败，失去后还可以重新拥有。时间和事实会告诉你，绊倒你的也许正是金块呢。"爷爷依然微笑着，并送给他一本书，要他回去仔细读读，认真想想。

绊倒自己的怎么会是金块呢？赵岩满腹狐疑地打开爷爷送给他的那本书，不经意地随手翻到一页便读了起来，读着读着，他不禁怦然心动，那是书中的一个小故事：

19世纪中叶，美国的科罗拉多峡谷发现了金矿。于是，淘金者便闻讯从四面八方蜂拥而至，一时间，长长的峡谷里人声鼎沸。清贫的坎普森也怀揣发财梦，毅然离开了受雇的农场主，加入淘金者的行列中。

十分不幸，在一个漆黑的雨夜，坎普森在急切地穿越一座山谷时，不慎被一块大石头重重地绊了一个跟头，他顺着山坡滚落下去，摔得鼻青脸肿，一条腿也骨折了，在山脚下一个好心老人的小屋里躺了整整五个月后，他才能跛着脚下地慢慢地活动一下。

拖着一条残腿，他无法再去淘金了，也不能再回到那个不辞而别的农场了。轻轻拭去眼泪，他跟着老人来到他跌倒的那个山谷。老人指着前方一块块淤泥堆积的滩涂地，满脸自信地告诉他："孩子，这可是上帝送给你的宝地啊，肥沃得插根筷子都会发芽的。"

会全套的农活儿，却始终没有一亩属于自己的土地的坎普森，踩着松软的淤泥，露出了笑容——他知道自己该在哪里淘金了。他立刻向老人借来种子和农具，在那个被人遗忘的山谷里忙碌起来。

秋天来临时，那片被无数淘金者忽略的滩涂地，果然变成了老人预言中的神奇的聚宝盆，丰收的果实让勤劳的坎普森的腰包马上鼓了起来。接着，他又断断续续地开垦了一些土地。不久，他接手了老人已经营了几十年的一大片山地，雇佣了许多菜农、果农和种植工，开开心心地当上了富裕的庄园主。

几年后，由于科罗拉多峡谷的藏金量并不多，淘金者把整个峡谷掘得满目疮痍，却只有极少数人发了财，绝大多数的人扔掉了工作，荒了田园，花光了本钱，抛尽了汗水，却只赚得失望怅然而归，有人甚至还把性命丢在了荒山野外。

此时，已是腰缠万贯的坎普森正悠然地指着已被搬到院中的那块曾绊倒自己的石头，向人们自豪地讲述："这就是当年绊倒我的金块，它让我懂得了该到哪里才能掘到自己的金子……"

"对呀，必须要找准地方，才能掘到金子。"赵岩恍然大悟。不久，赵岩关闭了冷清的店铺，躲到一个僻静的地方，开始潜心文学创作。随着一部部作品的接连畅销，他很快便拥有了豪宅和名车，潇洒地成为名人俱乐部的会员。

赵岩的经历说明了某些挫折其实正暗示着"此路不通"，即使硬着头皮走下去也未必会有好的收获。跌倒了，需要我们及时地调整方向，果断地更弦易张。

能力这个东西，就像一柄宝剑，如果没有，亦不必强求；如果有，就一定要把这把剑拔出鞘，不然的话，剑悬挂在那里不用，它会昼夜不宁。借用一句秋瑾的诗句，"且来挂壁暂不用，夜夜鸣啸声疑鸮"。你的才能不用，它就会发出猫头鹰的叫声啊。

美国心理学家马斯洛有一段名言：“如果你有意地避重就轻，去做比你尽力所能做到的更小的事情，那么我警告你，在你今后的日子里，你将是很不幸的。因为你总是要逃避那些和你的能力相联系的各种机会和可能性。”

这句话很精辟。逃避自己的才能，才能就在那里发酵并生出毒素。比如说，某个部门要提拔一位负责人，如果尽力争取了，最后由于种种原因没有入选，一个心理健康的人会坦然面对这种失败，他的内心是平静的。但是如果由于此人害怕竞争，被动地等待，一言不发，直到别人走上这个岗位。设想一下这个心理健康不良的人，会怎么样呢？如果他真有才能，会看出新上任的负责人有很多疏漏之处，却不会主动地帮助他，而会看人家的笑话。当工作真的出现失误的时候，他会做出“三年前早知道”的模样，说风凉话。当领导来询问他的意见的时候，他又会摆架子，做出漠然的姿态……如果事情真是这样发展下去，他那未曾施展出来的才能，岂不是害他了吗？如果我们一辈子都在逃避施展自己才能的机会，那么，会很辛苦。我们要和自己捉迷藏，要不断地说服自己退却，说服自己装傻，说服自己糊涂……即使千般小心、万般韬晦，也免不了有偶尔露峥嵘的时刻，那样人们会觉得我们不真诚，见死不救看人笑话，会给我们的人品打个低分。这样的结果，可是我们的初衷？

“上帝在向你关上一扇门时，一定会给你打开另一扇窗户。”在生活中，当我们接二连三地遭遇失败时，切记不要急于抱怨什么，不妨坐下来认真地总结一下过往的经验，扪心自问：自己是否找准了努力的方向？自己的那些汗水是否洒对了地方？

谁能及早地意识到这一点，谁就能把曾经绊倒过自己的石头，智慧地点化成神奇的金块。

永无止境的追寻，累吗

人们追寻幸福的脚步似乎从未停歇，对“幸福”的解释也层出不穷，然而，人们真的幸福吗？大部分人不幸福，且深受其累，即使如此，他们也在所不惜，不肯放手！其实，幸福不是永无止境的追寻，而是看清自己的拥有。

不经意间，幸福已经让自己“飘”起来了

在不经意间，所谓的“幸福”让人们蠢蠢欲动，飘飘然了。现实生活中的每个人，都可能会碰到这样一个问题：我们发现自己前面无时无刻不在走动着一个导师，他给我们指引道路，他告诉我们什么是幸福，并帮助我们定义成功。这个导师其实并不止一个人，而是一类人，而且往往是那些身份高贵、财产丰富的人。他们给大众树立了一个好的“标准”，惹人常常发出这样的赞叹：“瞧，那家伙有辆宝马跑车，多漂亮！”“他买了一套别墅，还带游泳池！”“要是我能和他一样拥有那么多钱该多好！那样我该有多幸福！”金钱、房产、股票、珠宝、收藏、美人、名车等，仿佛只有被这些包围的人才有资本可以俯视他人。一句话，拥有的物质财产就是财富。此话没错，但这只是财富的一种。如果十个指头都戴上金戒指，那么出示的不过是光灿灿的浅薄。

我们幸福生活的标准仿佛已被这些富人用物质财富定义了，而且现实中的许多人相信，并形成习惯性的思路：财富就意味着幸福。对财富的盲目崇拜迷惑了我们的思维，以至于从来没有去思考过这是真的幸福吗？我们最大的悲哀就是在别人所谓的财富幸福论中不明不白地虚度年华。

何为财富？财富应该是一个人拥有，并能使自己幸福的东西。按照这个定义来看，物质财产当然算是财富。那么除了财产，身体健康算不算财富呢？身心愉悦算不算财富呢？家庭和睦算不算财富呢？应该说，这些都算。除此之外，精神财富也是财富的一种，虽然很多人并不把精神财富当做财富。但是，精神财富却是最持久、最可靠，也是最具生产力的财富。

真正懂得幸福含义的人都明白，相对于精神财富来说，物质财富远没有那么重要。

严先生如今已是一家银行的高层管理人员，但因为是学院出身，不能完全忘情于校园，因而也在一所大学代讲财政金融方面的课程。一次，他在课堂上问一位学生："钱是什么？"该学生立刻回答："钱是一切。"他就问："钱能买到学位，但能买到知识吗？"该学生顿时语塞。

在目前这个言必谈金钱的社会，这个学生的回答算不上是错误，因为整个社会大环境就是如此。比如，对一个伟大的艺术家，吸引我们的应该是他或她的艺术造诣，可我们更感兴趣的却是他们的身价，感兴趣的是他们一件作品能卖多少钱。同样，对于一个在体育比赛中夺冠的运动员，人们首先关心的不是他或她的技术，而是他们得到什么名次，拿到多少奖金。

如今社会上风行"福布斯"或"财富"这样的富人排行榜，更使人们觉得金钱就是财富的代名词。然而，这却是对财富绝对片面的理解。金钱是财富的一种，但不是全部。财富可分为有价和无价，金钱再多，还是有价的。世界上还有许多无价之宝值得我们珍惜，比如健康，比如生命，比如幸福。

"其实，大多数人都不知道幸福是什么。他们只知道有钱，有好车，有大房子，就是幸福。不过，拥有这些东西不见得比没有更幸福。"英国心理学家科恩这样说。

那么，幸福到底是什么？让我们来听听SOHO中国的老总潘石屹是怎么说的。他说："我觉得，单纯的物质不一定能带来幸福。我记得有本杂志采访了美国华尔街最有钱的100名老板，超过90人觉得自己不幸福。同时这本杂志又采访了100名露宿街头的印度人，超过90人说他们很幸福。我想，幸福与物质有点关系，但关系不是很大，我觉得更重要的是精神感受。当我在海边骑着自行车，戴着MP3听音乐时，有幸福的感觉。前几天，又听了一遍《同桌的你》，它把我带回了中学时代，这一刻我也感觉到幸福。所以我觉得幸福与精神的关系可能更大一点。"

精神的满足能带给我们心灵长久的幸福感。虽然，有时这种幸福看来不值一提，但相对于物质满足的一时享受，精神财富要来得更牢固，更有内涵，似乎也更为纯净。

幸福和财富之间有着微妙的关系，好与坏就看我们以一种什么样的心境去感受。下面这个可爱的老人就有他的一套财富幸福论。

在荷兰某小镇上有一位五金店老板，他从事这一行已有20多年，生意一直很好。但他对会计业务不在行，不习惯用账簿。他把支票放在棕色大信封内，把钞票放在雪茄烟盒里，把到期的账单都插到票插上。

一天，他当会计师的儿子来探望他，说："爸爸，我实在搞不清你是怎么记账的，你根本无法核算成本和利润。我替你设计一套现代化会计系统好吗？"

老人说："不必了，孩子，我心里有数。我爸爸是个农民，他去世时，我名下的东西只有一条工装裤和一双鞋。后来我离开农村，跑到城市辛勤工作，终于有了这家五金店。今天我有一个妻子和三个孩子，你哥哥当了律师，你姐姐当了作家，你是一个会计师。我和你妈妈住在一所挺不错的房子里，还有两部汽车。我是这家五金店的老板，而且不欠人家一分钱。"

老人停顿了一下，接着说："我的会计方法很简单，把这一切加起来，扣除那条工装裤和那双鞋，剩下的都是利润。"

如此简单的财富论，如此豁达的心灵，想不幸福都很难！老人从未因为现在的拥有而飘飘然，反而用知足和感恩的心来面对得到的一切。

每人都自有一套幸福论，只是别人的幸福未必就是我们的幸福，不要一味地拿别人的幸福作为参照，放弃了自己生命中最真实的精神和情感需求，那样，便会如翩翩蝴蝶误入花海，沉醉其中，却不堪重负，以至于葬身花海之中。

也常听自己的同龄人抱怨，抱怨生活中有太多的抉择，以至于幸福就在抉择中溜走了一半。也许是我们的生活比起父辈来过于琳琅满目，也许是杂乱的物质让我们的思想变得越来越复杂，在光怪陆离的生活中我们丢掉了幸福，追逐财富成了我们唯一的目标，但是幸福生活的标准并不是由那些富人决定的，真正具有发言权的是我们内心的感受。也许我们终生都不能大富大贵，但这并不意味着我们在自己平凡普通的生活中找不到幸福。健康的身体、充满活力的心、相亲相爱的家人和志同道合的朋友就是我们最大的财富。

当虚幻的幸福让你飘飘然的时候，不妨听听父母说说他们的小时候，说那时他们虽然吃不饱、穿不暖，但他们觉得幸福就在指间。其实，简单的幸福就在一拿一放之间等待着我们。

读懂幸福

许许多多的人都感叹自己很不幸，其实，并不是幸福之神从未光临过他们，而是因为他们的心灵挤满了物欲，无法正确认识到自己所拥有的幸福，无法用心去读懂属于自己的幸福。

所谓幸福，其实是一种观念的东西，是一种心理上的感觉。人之幸福，全在于心之幸福。别人或许可以帮助我们摆脱贫困，可以帮助我们富裕，但无法帮助我们幸福，因为，幸福是我们内心的感受，读懂了自己，才能读懂幸福！

有一个年轻人，他也曾终日愁眉不展，叹息自己缺少金钱，缺少幸福。

一天，他深锁眉头，低头前行，一不小心撞到了一位须发花白的老人。老人笑呵呵地问他：“年轻人，干吗这么不高兴呀？走路都不看路。”

年轻人有气无力地回答：“有什么可高兴的，我都穷成这样了。”

“穷？我看你就很富有嘛！”老人说。

“这从何说起？”年轻人诧异地问。

老人不正面回答，反问道：“假如今天斩掉你一个手指头，给你一千元，你干不干？”

“不干。”年轻人回答。

“假如斩掉你一只手，给你一万元，你干不干？”

“不干。”

“假如让你马上死掉，给你一亿，你干不干？”

“命都没了，要那么多钱有什么用？我不干。”

“这就对了，你已经有了超过一亿的财富，为什么还哀叹自己贫穷，说自己不幸呢？”老人笑吟吟地问。

年轻人愕然无言。

其实，这个年轻人和我们都犯了同一个错误——不是我们不够幸福，而是没有用一种宽广的心境解读自己的幸福。我们的身体还很健康，我们都还年轻，我们还有可以创造财富的双手，这不是天大的幸福吗？

然而，我们总是很容易感动在别人的幸福里，却对自己的幸福视而不见。

有一次，张师傅出门办。天气很热，他坐上出租车之后，车里的空调开得很足，燥热感很快就消失了。一路上，司机频频向张师傅抱怨，为了生活他必须在车内待上十几个小时，空调都要把他吹出病来了。这时刚好遇上红灯，一辆载客的人力三轮车正好停在旁边，当他俩将目光都投向那位汗流浃背、全身湿透的车夫时，车夫也正好望向车里，用毛巾擦了擦满头的大汗，眼神里流露出一丝羡慕。当绿灯亮起来，车子重新开动后，张师傅再也没有听到这位司机先生的任何怨言，反而是司机对张师傅有说有笑的，好像很愉快。张师傅想这位仁兄一定是读懂了自己的幸福。

我们总以为别人的生活是幸福的，自己的生活是无奈的。有时，我们看不清幸福，是缺少了参照物，只要一个小小的参照物，就会让我们恍然大悟。

1972年，新加坡旅游局给总理李光耀打了一份报告，大意是说，新加坡不像埃及有金字塔，不像中国有长城，不像日本有富士山，不像夏威夷有十几米高的海浪，新加坡除了一年四季直射的阳光，什么名胜古迹都没有，要发展旅游事业，实在是“巧妇难为无米之炊”。

李光耀看过报告，非常气愤。据说他在报告上批了这么一行字：你想让上帝给我们多少东西？阳光，阳光就够了！

后来，新加坡利用那一年四季直射的阳光，种花植草，在很短的时间里，发展成为世界上著名的“花园城市”，连续多年，旅游收入排列亚洲第三位。

上帝的馈赠虽然不多，但它是酵母。只要我们是有心人，就会惊喜地发现，可以利用这个酵母无限地发展壮大，关键是要用智慧去抓准时机。君不见，沉思中的牛顿因为那个从树上掉下来的苹果而奠定了自己在物理学上不可动摇的地位。

也许我们曾抱怨上帝的不公。在同龄人中，它送给别人美貌，送给别人金钱，送给别人地位，送给我们的却仅仅是一个喝水的杯子。然而，假如我们能明白“上帝给谁的都不会太多”这句话的真正内涵，也许会振奋起来——也许这个杯子就是上帝有意送来的。既然如此，我们有什么理由不把它变成一个可以源源不断喝水的宝贝呢?

上帝给谁的都不会太多，他给了我们一个思考的大脑和一个行动的身体。只是有些人习惯用嘴来埋怨，用手来索取，而另外一些人习惯用眼去发现，用脚去追求而已。

上帝给谁的都不多，他对待每个人都是公平的，让我们得到一些，也让我们失去一些。一个人不可能占尽所有完美的事。

别人优秀的，也许正是我们所没有的，我们会因此而感到遗憾；但我们所拥有的，别人也不一定都拥有！每个人都有他自己拥有的美好，也都有他自己的不足，我们没必要叹息太多。

某欧洲国家一位著名的女高音歌唱家，仅仅30岁就已经红得发紫，誉满全球，而且还有一个深爱她的丈夫，可以说事业和爱情都很好。一次，她到邻国去开独唱音乐会，入场券早在一年前就被抢购一空，当晚的演出也受到热烈的欢迎。演出结束后，歌唱家和丈夫、儿子从剧场走出来的时候，一下子被早已等在那里的观众团团围住。人们七嘴八舌地与歌唱家攀谈着，其中不乏赞美和羡慕之词。

有的人恭维歌唱家大学刚刚毕业就开始走红，进入了国家级的歌剧院，成为扮演主要角色的演员；有的人恭维歌唱家25岁时就被评为世界十大女高音歌唱家之一；也有的人恭维歌唱家有个腰缠万贯的某大公司老板做丈夫，而膝下又有个活泼可爱脸上总带着微笑的小男孩。

在人们议论的时候，歌唱家只是在听，并没有表示什么。当等别人把话说完后，她才缓缓地说："我首先要谢谢大家对我和我家人的赞美，我希望在这些方面能够和他们共享快乐。但是，你们看到的只是一个方面，还有另外的一个方面没有看到，那就是你们夸奖的活泼可爱脸上总带着微笑的小男孩，其实是一个不会说话的哑巴。而且，在我的家里他还有一个姐姐，是需要长年关在装有铁窗的房间里的精神分裂症患者。”

歌唱家的一席话使人们震惊得说不出话来，你看看我，我看看你，似乎很难接受这样的事实。这时，歌唱家又心平气和地对人们说：“这一切说明什么呢？恐怕只能说明一个道理，那就是上帝给谁的都不会太多。”

歌唱家说出这句话以后，人们仍然没有吭声，不过这一次不是惊讶，而是在思考，认真地思考着。

用良好心态去体会身边的幸福，幸福就不难出现。没有哪个人是上帝的弃儿，我们都有属于自己的一份幸福。幸福要用心去读，读懂自己，读懂人生，也就读懂了幸福的含义。

放下的越多，获得的幸福越多

放下背包并审视，是对背包的一次清理。丢掉那些不值得带走的包袱，拿走拖累的行李，才可以简洁轻松地走自己的路，人生的旅行才会更加愉快，我们才可以登得高、行得远，看到更多更美的人生风景。

如果要感受山花的清新，就须放弃城市的舒适，走入崎岖的山麓；如果要做一名登山的健儿，就须放弃娇嫩白净的肤色，不畏风吹日晒；如果要永远拥有掌声，就得放弃眼前的虚荣，作好沉淀人生的准备。正如梅、菊放弃安逸和舒适的生活环境，才能得到笑傲霜雪的艳丽；大地放弃绚丽斑斓的黄昏，才会迎来旭日东升的曙光；春天放弃芳香四溢的花朵，才能走进硕果累累的金秋；船舶放弃安全的港湾，才能在深海中收获满船鱼虾。

佛家有云："舍得，舍得，有舍才有得。"舍和得就像小舟的两支桨、马车的两个车轮，相辅相成。失去是一种痛苦，也是一种幸福。所以，丧失与收获、追求与放弃，本就是生活中最平常不过的事情，人们应该以一种平和、乐观的心态看待得失。

一位作家多年前在日本某寺求得一帖，是为上上大吉。帖中许多内容都已忘怀，唯有一句因为经常炫耀的缘故他牢牢记下了。该句是"遗失之物能够找到，等待之人一定会来"。的确，没有比这更值得炫耀的预言了，把它移赠给谁都是吉祥祝福，因为前者为失而复得，后者则是如愿以偿，人生几乎不再有缺憾。

失而复得，谁又甘心失去？彼岸人人想去，难的是放下，弘一法师出家时，离别了两位妻子，这万缕柔情一头牵曳着两位幽怨女子的苦心，一头牵曳着无上光明的法心，怎么斩，怎么断？可是法师毅然放下了，一去不回头。这是万缘放下自逍遥的洒脱，人要有所得必要有所失。学会放弃的人，才有可能登上人生的巅峰。如果千般万般不舍，又如何能做到专心致志？

有一个颇为聪明的年轻人，很想在所有方面都比他身边的人强，尤其想成为一名大学问家。可是，许多年过去了，他的学业没有长进。他很苦恼，就去向一个大师求教。

大师说："我们登山吧，到了山顶你就知道该如何做了。"

那山上有许多晶莹的小石头，煞是迷人。每次见到他喜欢的石头，大师就让他装进袋子里背着。很快，他就吃不消了。"大师，再背着这些石头，别说到山顶了，恐怕连动也不能动了。"他疑惑地望着大师。"是呀，那该怎么办呢？"大师微微一笑，"该放下了，不放下，背着石头怎能登山呢？"

年轻人一愣，忽觉心中一亮，向大师道过谢走了。之后，他一心做学问，最终成了一名大学问家。

该放就放，当松则松，该断便断，这是一种睿智，也是一种洒脱。生活并不是完美无缺的圆，正因有了残缺，我们才会有美丽的梦。放手也需要一种勇气，洒脱地将目光放在前方，才有可能远眺极致的风景。

今天的放下，是为了明天的得到。干大事业者不会计较一时的得失，他们都知道如何放弃、放弃些什么，而放弃的越多，得到的就越多。

有一只狐狸，看到围墙里有一株葡萄树，枝上结满了诱人的葡萄。狐狸馋涎欲滴，它四处寻找入口，终于发现一个小洞。可是洞太小了，它的身体无法进入。于是，它在围墙外绝食六天，饿瘦了自己，终于穿过了小洞，幸福地吃上了美味的葡萄。可是，后来它又发现，吃得饱饱的身体无法钻到围墙外，于是，又绝食六天，再次饿瘦了身体。结果回到围墙外的狐狸仍旧是原来那只狐狸。

其实，在生活中，也有不少人像这只狐狸，为了“得”而无谓地失去很多东西。在别人看来，狐狸依然是狐狸，但是它增加了生命的体会——尝到了美味的葡萄。

人的一生，需要我们放弃的东西很多。古人云，鱼和熊掌不可兼得。如果不是我们能力所能承受的，就应该学会放下。放下并回到当下，这才是幸福人生的开端。

可要做到真正的放下很难，它可能会带来一时的损失或心痛，可是真正放手后，会发觉所有的纠结与烦心反而可以转换成一片海阔天空。放下不等于放弃，更不是要你酒、色、财、气四大皆空。放下是一种感悟，一种心境，一种对外部事物进退取舍、轻重缓急、远近厚薄的把握。

人生就像爬一座山，本来是到山顶看风景的，可是身上背负着各种各样欲望的包袱，就会越爬越累，别说可能登不上山峰，就连欣赏沿途景色的快乐心情也会荡然无存。

有一个富翁背着许多金银财宝，到远处去寻找快乐。可是走过了千山万水，也未能寻找到快乐，于是他沮丧地坐在山道旁。一个农夫背着一大捆柴草从山上走下来，富翁说："我是个令人羡慕的富翁。请问，为何没有快乐呢？"

农夫放下沉甸甸的柴草，舒心地揩着汗水说："想得到快乐很简单，放下就是快乐呀！"富翁顿时开悟：自己背负那么重的珠宝，老怕别人抢，也怕遭人暗害，整日忧心忡忡，快乐从何而来？于是富翁将珠宝、钱财接济穷人，专做善事，以慈悲为怀，行善滋润了他的心灵，他也尝到了快乐的味道。

学会放弃，我们便可以使负重的人生得到暂时的休息，摆脱烦恼和纠缠，使整个身心沉浸在一种轻松悠闲的宁静之中；学会放弃，我们便可以用充沛的精力去做最想做、最该做、最需要做的事；学会放弃，我们便可以在一种无怨无悔和默默无闻的等待中，使自己的心灵得到一份超越，一份执著和一份自信。

放弃是一种智慧，是一种豪气，是真正意义上的潇洒，是更深层次的进取！之所以举步维艰，是背负太重；之所以背负太重，是还不会放弃。功名利禄常常微笑着置人于死地。放弃了烦恼，便与快乐结缘；放弃了利益，便步入超然的境地。

学会放弃，放弃失恋带来的痛楚，放弃屈辱留下的仇恨，放弃心中所有难言的负荷，放弃浪费精力的争吵，放弃没完没了的解释，放弃对权力的角逐，放弃对金钱的贪欲，放弃对虚名的争夺……凡是次要的、枝节的、多余的，该放弃的都应放弃。

放弃，是一种境界，是通往幸福的一条必由之路。

懂得放手的那一刻，幸福随之而来

生活本有许多快乐，很多人却常常自生烦恼，“空添许多愁”。许多事业有成的人常常有这样的感慨：事业小有成就，但心里却空空的，好像拥有很多，又好像什么都没有。总是想成功后坐豪华游轮去环游世界，尽情享受一番，但真正成功了，仍然没有时间、没有心情去了却心愿，因为还有许多事情让人放不下……

在懂得放手的那一刻后，幸福也随之而来。正所谓：“放下屠刀，立地成佛。”需要机缘，需要悟性，也需要懂得放手。

抚州石巩寺的慧藏禅师，在出家前是个猎人，他最讨厌见到和尚。有一天，他追赶一只猎物时，被马祖道一拦住。这位讨厌和尚的猎人见有个和尚干扰他打猎，就抡起胳膊，要与马祖道一动武。

马祖道一问他：“你是什么人？”

猎人说：“我是打猎的人。”

马祖道一问：“那，你会射箭吗？”

猎人说：“当然会。”

马祖道一说：“你一箭能射几个？”

猎人说：“我一箭能射一个。”

马祖道一哈哈大笑：“你实在不懂射法。”

猎人很生气：“那么，和尚你可懂得射法？”

马祖道一回答：“我当然懂得射法。”

猎人问：“你一箭又能射得几个？”

马祖道一回答："我一箭能射一群。"

猎人叫道："彼此都是生命，你怎么会忍心射杀一群？猎人虽以杀生为本，但杀取有道，这叫不失本心。"

马祖道一语含机锋地问："哦，看来你也懂一箭一群的真义，可怎么不去照一箭一群的法则去射呢？"

猎人说："我知道和尚一箭一群的意思，可要让我自己去射，真不知道如何下手！"

马祖道一高兴地说："呵呵！你这汉子从出生以来的无明烦恼，今日算是断除了。"于是，石巩便扔掉弓箭，出家拜马祖道一为师。

慧藏禅师真可谓放下屠刀，立地成佛，这是慧根，是机缘，其中的因果妙不可言。他懂得真正放下的含义，从杀生的猎人，转眼间就成了救世的和尚。

而世人呢？看不见自己的本真，无故寻愁觅恨，怨来怨去，不知足，追求一些怎么也追求不到的东西。就像骑着骡子数骡子，怎么数都少一只的人，原来他忽略了自己胯下那一只啊！人们缺少的东西，可能是实实在在拥有的东西。不肯放手的，不一定是所缺少的，既然这样，为什么还不能醒悟？

赵州禅师是一位非常睿智的法王，学者凡有所问，他的回答经常不从正面说明，而要让人从另一方面去体会。

有一次，一个信徒前来拜访他，因为没有准备供养他的礼品，就歉意地说道："我空手而来！"

赵州禅师望着信徒说道："既是空手而来，那就请放下来吧！"

信徒不解他的意思，反问道："禅师！我没有带礼品来，你要我放下什么呢？"

赵州禅师立即回答道："那么，你就带着回去好了。"

信徒更是不解，说道："我什么都没有，带什么回去呢？"

赵州禅师道："你就带那个什么都没有的东西回去好了。"

信徒不解赵州禅师的禅机，满腹狐疑，不禁自语道："没有的东西怎么好带呢？"

赵州禅师这才指示道："你不缺少的东西，那就是你没有的东西；你没有的东西，那就是你不缺少的东西！"

信徒仍然不解，无可奈何地问道："禅师！就请您明白告诉我吧！"

赵州禅师无奈地说道："和你饶舌多言，可惜你没有佛性，但你并不缺佛性。你既不肯放下，也不肯提起，是没有佛性呢，还是不缺少佛性呢？"

"放得下"能增强人们的心理弹性，享受"放得下"的人生愉悦。要懂得放下，就是敢于放下，果断放下，心里真正地放下，放下的一刹那，会感到天地原来如此广阔，会发现自己的脚步是如此轻盈平稳，心房是如此安稳温馨。对此，台湾作家吴淡如说："好像要到某种年纪，在拥有某些东西之后，你才能够悟到，你建构的人生像一栋华美的大厦，但只有硬件，里面水管失修，配备不足，墙壁剥落，又很难找出原因来整修，除非你把整栋房子拆掉。你又舍不得拆掉。那是一生的心血，拆掉了，所有的人会不知道你是谁，你也很可能会不知道自己是谁。"仔细咀嚼这段话其中的味道，不就是因为"舍不得"吗？

因为不懂放下，人们舍不得放弃一个放弃了之后并不会失去什么的工作，舍不得放弃已经走出很远的种种往事，舍不得放弃对权力与金钱的追逐……但谁能算得出，在得到一些自己认为珍贵的东西时，有多少和生命休戚相关的美丽像沙子一样在指掌间溜走？而人们却很少去思忖：掌中所握的沙子数量是有限的，一旦失去，便再也捞不回来。

自在的快乐便是佛家所说的那种境界，"要眠即眠，要坐即坐"，如果一个人茶饭不宁，百种需求，千般计较，自然谈不上是真正的放下，又如何去感受快乐？于是，有人说，世上从来没有命定的不幸，只有死不放手的执著。所以，不要总是羡慕他人的自在与洒脱。他们获得幸福的原因也很简单：不执著于缘。懂得放下，就可以开始新的人生，也易得逍遥，快乐无穷。

庄子临终前，弟子们已经准备厚葬自己的老师。庄子知道后笑了笑，说："我死了以后，大地就是我的棺椁，日月就是我的连璧，星辰就是我的珠宝玉器，天地万物都是我的陪葬品，我的葬具难道还不够丰厚？你们还能再增加点什么呢？"学生们哭笑不得地说："老师呀！若要如此，只怕乌鸦、老鹰会把老师吃掉啊！"庄子说："扔在野地里，你们怕飞禽吃了我，那埋在地下就不怕蚂蚁吃了我吗？把我从飞禽嘴里抢走送给蚂蚁，你们可真是有些偏心啊！"

一位思想深邃而敏锐的哲人，一位仪态万方的散文大师，就这样以一种浪漫达观的态度和无所畏惧的心情，从容地走向了死亡，走向了在一般人看来令人万般惶恐的无限的虚无。其实这就是生命。

懂得放手的人能看透生死，看破尘世，看清一切幸福的障碍；能够心如明镜，感受到最纯净的快乐，因此，幸福便随之而来。

名利如浮云，弃之不压身

"苦海无边，回头是岸。"这句话常被人挂在嘴边，事实上，回头未必是岸，所以人要自救。有一种说法，人会身处苦海，是因为心中横亘着名利这根梁木，只要将这梁木放下，就能做生命之舟的船桨，带我们离开苦海，驶向无忧的彼岸。人生苦短，名利有如过眼烟云。人不可缺乏进取心和奋斗精神，但一味地追名逐利反而会得不偿失。

有位信徒对明镜禅师说：“我的妻子不仅贪婪而且吝啬，对于做好事行善这样的事情，她连一点儿钱财也舍不得。你以慈悲为怀，能到我家里来，向我妻子开示，让她行些善事吗？”

明镜禅师听完信徒的话，非常爽快地就答应下来。

当明镜禅师到达那位信徒的家里时，信徒的妻子出来迎接他。不要说拿出什么水果了，连一杯水都舍不得端出来给禅师喝。于是，禅师握着一个拳头说：“夫人，你看我的手天天都是这样，你觉得怎么样呢？”

信徒的妻子说：“如果手天天这个样子，这是有毛病，畸形啊！”

明镜禅师说：“对，这样子是畸形。”

接着，明镜禅师把手伸展开成了一个手掌，又问：“假如天天这个样子呢？”

信徒夫人说：“这样子也是畸形啊！”

明镜禅师趁机立即说：“夫人，不错，这都是畸形。钱只知道贪取，不知道布施，是畸形；钱只知道花用，不知道储蓄，也是畸形。钱要流通，要能进能出，要量入而出。”

握着拳头，只能得到掌中的世界；伸开手掌，能得到整个天空。握着拳头暗示过于吝啬，张开手掌则暗示过于慷慨，信徒的妻子在明镜禅师的开悟之下，对做人处世和经济观念、用财之道，豁然领悟了。

有的人过于贪财，有的人过分施舍，这都不是禅的应有之处。吝啬、贪婪的人应该知道喜舍结缘是发财顺利的原因，因为不播种就不会有收成。布施的人应该在不自苦、不自恼的情形下去做，否则，就是很不纯粹的施舍了。

放不下，是因为没看破。佛法告诉人们要看破人生，实际上不是让人们一切都抱着“事不关己”的心，而是对于人生价值的一种肯定。因为人们只有透过醉生梦死的虚幻人生，看破功名利禄是过眼烟云，把人生的恶习一点点克服掉，才能够显示出人生的价值。不看破这虚幻、迷惑的人生，人生的价值是永远不会显现出来的。看得破就能“放下”，“放下”了也就看破了，也就不再执著于小我，这样就能步入离苦得乐的解脱之道。

《巴尔的摩哲人》的编辑亨利·路易斯·曼肯曾经说过，财富就是你比你妻子的妹夫多挣100美元。行为经济学家说，我们越来越富，但并没有觉得更幸福，部分原因是，我们没有看破，老是拿自己与那些物质条件更好的人比，把名利过于细化。电话发明以前，人们不用电话照样可以生活得很快乐，但现在如果没有电话，和别人沟通的范围就会受限，所以没有电话的人就想拥有一部自己的电话。在过去，没有车照样可以出行，但现在，不得不挤公共汽车，不得不为买火车票而焦头烂额。再从教育上看，若在过去，不上学也不是不能生活，但现在每个人都在尽最大的努力，上更好的学校，为的就是获得比别人更好的社会通行证和更强的生存能力。社会的发展，让我们的欲望不断疯长，也让人们的内心充满了焦虑。现代社会整体发展了，即使最穷的人，也比古代一般的富人生活优越。有人曾作过比较，说现在一般家庭都用上抽水马桶了，而无人匹敌的古罗马帝国国王当时只能蹲在石板砌成的茅坑。可尽管如此，现代人还是端起碗来吃肉，放下筷子骂娘。看不破，就不能解脱。

对此，我们不禁要思忖，幸福到底是什么？或许，它不是丰饶的财富，不是便捷安逸的生活，不是物质上的丰足，而仅仅是内心的安适和满足。俗话说：“天下熙熙，皆为利来；天下攘攘，皆为利往。”贪腐者们追求的那些东西其实不外乎身体的安适、丰盛的食品、漂亮的服饰、绚丽的色彩和动听的乐声，到头来终究是一场空而已。

我们每日在尘世穿梭忙碌，忙着经营自己的世界，有人可能会为一点得失计较争执，甚至拼得头破血流；更有人沉迷于纸醉金迷的生活，沦陷于物欲横流的世界，不得自拔。人像一只蚕，用厚重的丝将自己一圈一圈给捆缚了起来！

出生于贫苦农民家庭的胡长清，青年时代坐拖拉机进城乐得合不拢嘴，当上副省长后却非名车不坐，他一变，幸福就离他远了；身为北京市副市长的李润五，当老百姓时骑自行车，当大官后还骑自行车，他不变，不加雕琢的幸福就常留心中。世间万事转头空，名利到头一场梦，想通了，想透了，人也就透明了，心也就豁然了。名利是绳，贪欲是绳，嫉妒和褊狭都是绳，还有一些过分的强求也是绳。牵绊我们的绳子很多，一个人，只有摆脱这些绳索，才能享受到真正的幸福，才能体会到做人的乐趣。

一天，一个富人去拜访一位哲人，请教他为什么自己有钱后反而和亲戚朋友处不好关系，身边的人都说他变得越发狭隘自私了。哲人将他带到窗前，问：“向外看，告诉我你看到了什么？”富人说：“我看到了外面世界的很多人。”哲人又将他带到一面镜子前，问：“现在你又看到了什么？”富人回答：“我自己。”哲人笑了笑说：“窗子和镜子都是玻璃做的，区别只在于镜子多了一层薄薄的银子。但就是因为这一点银子，便叫你只看到自己而看不到世界了。”

这是一个如此简单的真理！

很少有人知道，著名的慈善家石油大王洛克菲勒，也曾被薄薄的一层银子蒙住过双眼。洛克菲勒的前半生在金钱中迷失了方向，后半生千金散尽，他得到了用金钱买不到的平静、快乐、健康和长寿，以及别人的尊敬和爱戴。这正印证了“财散人聚，财聚人散”这一亘古不变的真理！

出身贫寒的洛克菲勒，创业初期勤劳肯干，人们都夸他是个好青年。可当他富甲一方后，便变得贪婪冷酷，宾夕法尼亚州油田地带的居民深受其害，对他恨之入骨。有的居民甚至将他做成木偶像，放在绞刑架上将他“绞死”，以解心头之恨。无数充满憎恨和诅咒的威胁信送进他的办公室，连他的兄弟也不耻他的行径，将儿子的坟墓从洛克菲勒家族的墓园中迁出，说：“在洛克菲勒支配的土地内，我的儿子无法安眠！”

洛克菲勒的前半生就在众叛亲离中度过。当洛克菲勒53岁时，疾病缠身，人瘦得像木乃伊。医生们告诉他必须在金钱和生命中选择一个。这时洛克菲勒才领悟到，是贪婪的恶魔控制了他的身心。他听从了医生的劝告，退休回家，开始学打高尔夫球，去剧院看喜剧，还常常跟邻居闲聊，他开始过一种与世无争的平淡生活。

后来，洛克菲勒开始考虑如何把巨额财产捐给穷人。起初人们并不接受，通过他的努力，人们慢慢地相信了他的诚意。洛克菲勒创办了不少福利事业，还帮助黑人。他一生赚了10亿多美元，捐出的就有7.5亿，人们开始用另一种眼光来看他。

金钱固然重要，但金钱并不是万能的。如果一个人被金钱蒙住了双眼，便会迷失自已的世界，也领略不到生活中的真善美，这样的人永远不会快乐，也永远寻找不到生命的真谛。

“世人都晓神仙好，唯有功名忘不了！古今将相在何方？荒冢一堆草没了！世人都晓神仙好，只有金银忘不了！终朝只恨聚无多，及到多时眼闭了！”钱财乃身外之物，生带不来，死带不走，机关算尽，反误了人间最真的情谊。

别让金钱割断了人性的纽带，人生一程，同行是福。而多一些爱，充满爱心，会让自己的人生有更多的收获。

拿得起那是勇气，放得下才是魄力

拿得起、能担当的人需要的是勇气，一个人只有把一切受外界环境影响的东西都放弃，把万缘都放下，才能够逍遥自在，万里行游而心中不留一念，如此才是真正的魄力。

在英雄传奇和一些武侠故事中，我们常常会看到这样的情景：集万千宠爱于一身的主角行侠仗义，肩负着血海深仇，将大任都揽到了自己的身上，因而被仇家逼到了悬崖边。下面是湍急的流水，身后是凶悍的追兵，主角仰天一叹，回眸一笑，用非凡的魄力，纵身一跃，与飞流激湍融为一体，令众人不由得扼腕叹息。但是，似乎所有的故事都出现这样的转折：崖壁上出现了一棵怪松，或崖下的一泓深潭，都像救星及时出现，稳稳地将其托起，备受青睐的勇士们还往往能够在这常人到达不了的奇异之地意外发现千年宝藏或旷世秘籍。

这样的故事无意中契合了禅宗的某些观点，禅修者必须有所舍得，才能有所收获。圣严法师说唯有能放下，才能真提起。放得下的人，不仅要放下自己，还要放下周遭所有的一切。放下也并非完全失去自我，而是指不再存有对抗心，也不再有舍不得，要随时随地对任何事物没有丝毫的牵挂或舍不得，能如此，才谈得上是自在。

圣严法师将人分为三类：第一类，拿不起，也放不下；第二类，拿得起，却放不下；第三类，提得起，也放得下。

第一类人占据了芸芸众生中的大多数，他们只懂享受，却从不承担，内心放不下对功名利禄的追求，像是寄居在荨麻茎秆上的菟丝子，攀附在其他植物之上，毫不费力地汲取着养分，却从不奉献什么；第二类人有担当，有责任心，而且往往目标明确，会一直凭借着自己的能力向上攀登，而一旦有所获得时，却舍不得放下，只会拖着越来越重的行囊，艰难上路；第三类人有理想、有魄力、有担当，而且心地坦然，头脑睿智，可攻可守，可进可退。

在圣严法师看来，“必须放下”归因于因缘的聚散无常。懂得适时地放开不仅是治病的良药，有时甚至会成为救命的法宝。

过去有一个人出门办事，跋山涉水，历尽辛苦。有一次经过险峻的悬崖，一不小心掉到了深谷里去。此人眼看生命危在旦夕，双手在空中攀抓，刚好抓住崖壁上枯树的老枝，总算保住了性命，但是人悬荡在半空中，上下不得。正在进退维谷、不知如何是好的时候，他忽然看到慈悲的佛陀，站立在悬崖上慈祥地看着自己。此人如见救星一般，赶快求佛陀说：“佛陀！求求您发发慈悲，救我吧！”

“我救你可以，但是你要听我的话，我才有办法救你上来。”佛陀慈祥地说。

“佛陀！到了这种地步，我怎敢不听您的话呢？随您说什么，我全都听您的。”

“好吧！那么请你把攀住树枝的手放下！”

此人一听，心想，把手一放，势必掉到万丈深坑，跌得粉身碎骨，哪里还保得住性命？因此更加抓紧树枝不放，佛陀看到此人执迷不悟，只好离去。

悬崖深谷得重生看似一种悖论，实际上却蕴涵着深刻的禅理。佛法中有言：悬崖撒手，自肯承担。“悬崖撒手”是一种姿态，美丽而轻盈。放手之后，心灵将获得一片自由飞翔的广袤天空，在瞬间释放与舒展。

人的聚散离合，都是基于种种因缘关系，有因必有果，“因”既有内因，又有外因，还有不可抗拒的“无常”。事情的发展不会总是按照我们的主观想象进行，沟沟坎坎不可避免，大多数时候，万事如意只是一个美好的心愿罢了。

所谓回头是岸，岸貌似远在天涯。天涯远不远？不远。放下的时候，天涯就在面前。当然，世事变幻，风云莫测，缘起缘灭，众生在岁月的洪流中渐行渐远，一路鲜花烂漫鸟语虫鸣，也仍旧不能湮没斗转星移、沧海桑田的无常。承担与放下都非易事，都需要勇气与魄力，而做到提放自如，淡然处之，更非常人所能达到。

人生的境界有高有低，境界高者像一面镜子，不断自省；又像一支蜡烛，燃烧自己，泽被四方；更像一只皮箱，提放自如，得大自在。

一天，山前来了两个陌生人，年长的仰头看看山，问路旁的一块石头："石头，这就是世上最高的山吗？""大概是的。"石头懒懒地答道。年长的没再说什么，就开始往上爬。年轻的对石头笑了笑，问："等我回来，你想要我给你带什么？"石头一愣，看着年轻人，说："如果你真的到了山顶，就把那一时刻你最不想要的东西给我，就行了。"年轻人很奇怪，但也没多问，就跟着年长的往上爬去。斗转星移，不知又过了多久，年轻人孤独地走下山来。

石头连忙问："你们到山顶了吗？"

"是的。"

"另一个人呢？"

"他，永远不会回来了。"

石头一惊，问："为什么？"

"唉，对于一个登山者来说，一生最大的愿望就是战胜世上最高的山峰。当他的愿望真的实现了，也就没了人生的目标，这就好比一匹好马折断了腿，活着与死了，已经没有什么区别了。"

"他……"

"他从山崖上跳下去了。"

"那你呢？"

"我本来也要一起跳下去，但我猛然想起答应过你，把我在山顶上最不想要的东西给你，看来，那就是我的生命。"

"那你就来陪我吧！"

年轻人在路旁搭了个草房，住了下来。年轻人在山旁，日子过得虽然逍遥自在，却也如白开水般没有味道。年轻人总爱默默地看着山，在纸上胡乱抹着。久而久之，纸上的线条渐渐清晰了，轮廓也明朗了。后来，年轻人成了一个画家，绘画界还宣称一颗耀眼的新星正在升起。接着，年轻人又开始写作，不久，他就以他的文章回归自然的清秀隽永一举成名。

许多年过去了，昔日的年轻人已经成了老人，当他对着石头回想往事的时候，他觉得画画写作其实没有什么两样。最后，他明白了一个道理：其实，更高的山并不在人的身旁，而在人的心里，只有忘我才能超越。

故事中从山上跳下去的那位登山者就属于圣严法师所说的第二类人，他执著地追求着攀登上世界最高峰的荣誉，而一旦愿望实现，他却不能将之放下，再继续前行，所以他自认为只有绝路可寻；而另一位年轻人之前也有了轻生的念头，但因为不能违背对石头的承诺，所以他才有机会了悟真正的禅机——世界上更高的山在人的心里。

收放之间，人们总能不断得到提升，只有放下名利世俗的牵绊，怀有朴质自然的心，才能不为外物烦扰，真正提起生命的意义。

活着即是圆满的人生

真正圆满的人生该如何度过呢？南怀瑾先生认为重点在一个“随”字，正所谓“人有悲欢离合，月有阴晴圆缺，此事古难全”。时空的脚步永远是不断地追随回转，无休无止。生老病死、生命的开始和结束是不能改变的事实。活着，人生便是圆满。

子在川上曰：“逝者如斯夫”。不正是在说着人生的归宿吗？河水能够冲走泥沙与污浊，时间能够抹去人类的一切活动痕迹。世间没有永恒不变的东西，也没有绝对的真理和绝对完美的事物，人不能长生不老，所能做到的就是“随”，顺时顺应，随性而走。

在河的两岸，分别住着一个和尚与一个农夫。

和尚每天看着农夫日出而作、日落而息，生活看起来非常充实，令他相当羡慕。而农夫也在对岸，看见和尚每天都是无忧无虑地诵经、敲钟，生活十分轻松，令他非常向往。因此，在他们的心中产生了一个共同念头：“真想到对岸去！换个新生活！”

有一天，他们碰巧见面了，两人商谈一番，并达成交换身份的协议，农夫变成和尚，而和尚则变成农夫。

当农夫来到和尚的生活环境后，这才发现，和尚的日子一点也不好过，那种敲钟、诵经的工作，看起来很悠闲，事实上却非常烦琐，每个步骤都不能遗漏。而且，僧侣刻板单调的生活非常枯燥乏味，虽然悠闲，却让他觉得无所适从。于是，成为和尚的农夫，每天敲钟、诵经之余都坐在岸边，羡慕地看着在彼岸快乐工作的其他农夫。

至于做了农夫的和尚，重返尘世后，痛苦比农夫还要多，面对俗世的烦忧、辛劳与困惑，他非常怀念当和尚的日子。

因而他也和农夫一样，每天坐在岸边，羡慕地看着对岸步履缓慢的其他和尚，并静静地聆听彼岸传来的诵经声。

这时，在他们的心中，同时响起了一个声音："回去吧！那里才是真正适合我的生活！"

想要圆满的人生谈何容易，终日辛苦劳作的农夫羡慕清闲自在的和尚，清心寡欲的和尚又羡慕起红尘中的农夫，交换身份后，才发觉，原来一切并不如自己想的那么好。其实，人生不需要太圆满，活着便是最大的收获。

有位青年，厌倦了生活的平淡，感到一切只是无聊和痛苦。为寻求刺激，青年参加了挑战极限的活动。

活动规则是：一个人待在山洞里，无光无火亦无粮，每天只供应5千克的水，时间为整整五个昼夜。

第一天，青年觉得很刺激，兴奋得睡不着觉。

第二天，饥饿、孤独、恐惧感一齐袭来，四周漆黑一片，听不到任何声响。于是，他开始向往平日里的无忧无虑。他想起了乡下的老母亲不远千里地赶来，只为送一坛韭菜花酱以及小孙子的一双虎头鞋；他想起了终日相伴的妻子在寒夜里为自己掖好被子；他想起了宝贝儿子为自己端的第一杯水；他甚至想起了与他发生争执的同事曾经给自己买过的一份工作餐……渐渐地，他后悔起平日里对生活的态度来：懒懒散散，敷衍了事，冷漠虚伪，无所作为。

到了第三天，他几乎要饿昏过去。可是一想到人世间的种种美好，便坚持了下来。第四天、第五天，他仍然在饥饿、孤独、极大的恐惧中反思过去，向往未来。

他责骂自己竟然忘记了母亲的生日，他遗憾妻子分娩之时未尽照料义务，他后悔听信流言与好友分道扬镳……他这才觉出需要他努力弥补的事情竟是那么多。可是，连他自己也不知道，他能不能挺过最后一关。此时，泪流满面的他发现：洞门开了。阳光照射进来，白云就在眼前，淡淡的花香，悦耳的鸟鸣——他又迎来了一个美好的人间。

青年扶着石壁蹒跚着走出山洞，脸上浮现出了一丝难得的笑容。五天以来，面对孤独与绝望，他感受到了活着的分量，一切的抱怨，一切的不满，全都化为了浓浓的感恩，感恩父母，感恩亲朋，感恩仅仅因为“活着”。五天以来，他一直反复地说着一句话，那便是：活着，就是最大的幸福。

活着，就像每天呼吸的空气，不经意间，不易察觉。生活中所有的烦恼，所有的不满，就像浓稠的迷障，使人触摸不到生活的真切内涵。生命诚可贵，不要把生看成是想当然的事情。

一位名人突然去世，朋友们都来参加他的追悼会。昔日前呼后拥、香车宝马的名人躺在骨灰盒里，百万家财不再属于他，宽敞的楼房也不再属于他，他所拥有的只有一个骨灰盒大小的空间，一切都化成了一把灰烬。

从名人的追悼会上回来，几乎每一个人都感慨万千。那么聪明的一个人，那么会算计的一个人，每一个曾经与他斗的人最终都败下阵来，可是他斗来斗去也斗不过命。撒手人寰以后，一切都是空。

追悼对人们进行了一次洗礼。人们想：趁现在好好活着吧，活着就是幸福，什么利、权、势，轰轰烈烈了一世，最后还不是一个人孤零零地走路？从前绞尽脑汁、机关算尽、面目狰狞地往上爬，值得吗？

从死亡的身边经过以后，才知道活着是多么幸福。可是，明天，每个人还是要忙忙碌碌地奔波，钩心斗角地生活。一边是死亡的震撼，一边是活着的琐碎。我们很容易被死亡所震撼，然而我们更容易被活着的琐碎所淹没。不要去在意那些繁杂的纠葛、苦痛与伤害，放下一切嘈杂的琐碎与不满，好好珍惜现在鲜活的生命吧。只有这样，才能够触摸到生活的本质；只有这样，才能找寻到最大的幸福。请相信，活着，便是莫大的幸福；活着，即是圆满的人生。

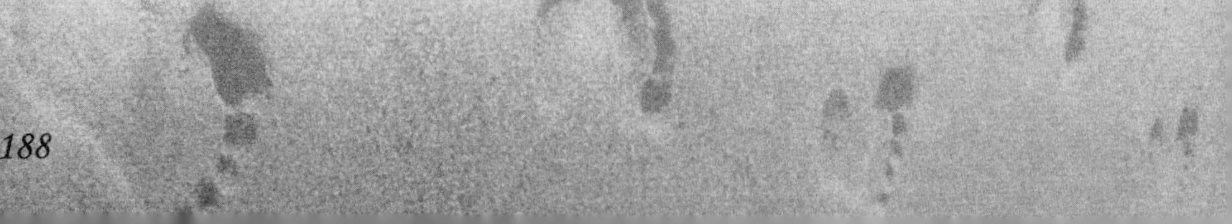

有一种舍叫做得

人常常有诸多的不舍，那些都是自己付出了许多才换回来的东西怎能轻易舍弃？浮生若梦，纵然有万般留恋，“舍不得”依然在提醒着自己：不舍就不会得。

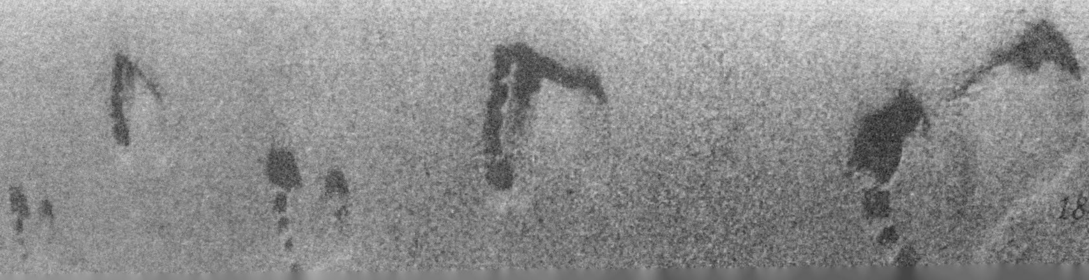

强扭的瓜不甜，何不顺其自然

人们常说："强扭的瓜不甜。"生活中似乎有着一双无形的手，操纵着世间的一切，而它就像是一个顽皮的孩子，人们越是挖空心思去追求一种东西，它越是想方设法不让人得偿所愿，而当人们放下心中的执念，听从命运的召唤，顺其自然，许多事情，自然而然水到渠成。

在我国北方的一个农家小院里，因为夏天久久没有下雨，严重干旱，所以，在院子里面会放一个大缸，盛接雨水，用来洗衣服。此刻，一个小女孩正在生着闷气，原来，几个淘气的孩子总把这缸水搅得浑浊不堪。而每当她闻声而来，那几个淘气包早就跑得无影无踪了，小女孩气得直跺脚。奶奶看她被几缸水而弄得心神不宁，便安慰她道："你的心怎么比水缸里的水还容易混乱？那些恶作剧的孩子，你越在乎，他们就越高兴，如果不理他们，时间一长，他们就只会觉得自讨没趣。不要担心水，只要不去管它，它最后会变清的。"

听了奶奶的话，小女孩不再去理会那群调皮的孩子。他们果然很快就失去了兴趣，水，自然也就澄清了。

那群淘气的孩子就如同淘气的命运，总是时不时地给我们捣点乱。被搅浑的水，则如同遭遇困境的人生，然而只要不过分在意，以平和的心态坦然应对，正如睿智的奶奶所开导的那样，顺其自然，自然会柳暗花明、水清见底。就像鲁迅所写的那样："世上本没有路，走的人多了，也就成了路。"与其大费周章地修饰道路，还不如人们踩出的小路自然。现实生活中，真的不缺乏这样的事情。

美国的迪斯尼乐园在建设时，沃尔特·迪斯尼先生为乐园中道路的布局大伤脑筋，所有征集来的设计方案都不尽如人意。迪斯尼先生终于无计可施，一气之下，他命人把空地都铺上草坪后就开始营业了。

几个星期过后，当迪斯尼先生出国考察回来时，看到园中几条蜿蜒曲折的小径和所有游乐景点有机地结合在一起时，不觉大喜过望。他忙喊来负责此项工作的杰克，询问这个设计方案是出自哪位建筑大师的手笔。杰克听后哈哈笑道："哪来的大师呀，这些小径都是被游人踩出来的！"

费尽心思也寻不到的答案，因为顺其自然而得来全不费工夫。

生命是一种缘，是一种必然与偶然互为表里的机缘。许多事情无法为人事所全然掌控，正所谓谋事在人，成事在天，命运的机缘，充满着无限的奥妙。面对生活的困境和内心的烦恼，痴愚之人往往不能自拔，好像脑子里有一团毛线，越想越乱，陷在了自己挖的陷阱里；而明智之人则明白知足常乐的道理，他们会顺其自然，不去强求不属于自己的东西，静下心来，世间的一切烦恼与忧愁自然也就烟消云散了。正如禅学所说应当有一颗平常心，切切实实地把握住眼前的一切，实实在在、平平淡淡地去过有意义的生活。

一个24岁的女孩子，在不羁的青春之下，一颗单纯而痴情的心像一只跳跃的小兔子，忍不住偷偷地跳出来，又很害羞，慌忙躲进洞穴。

她爱上了一个不应该爱的人——一个有妇之夫。她喜欢他眉宇间的阳刚之气，贪恋他笑容渐起时嘴角传递出来的自信。夜夜失眠，只因为白天他帮她纠错时一个爱怜的眼神，或者他接过咖啡时一声温柔的谢谢。

她以前是见过他的妻子的，那一次在公园里偶遇上了。初春温暖的阳光倾泻而下，他一手挽着妻子，一手携着儿子，眼眸中带着笑意。阳光在三个人的脸上和身上，晃来晃去，到处都是幸福与安宁。她仓皇而逃，只恐内心潜藏的隐情被人识破。

秋天的时候，他出国考察，两个星期的时间不算太久，于她而言却是度日如年。才几天的光景，人已经憔悴得不成样子了。碰巧他打电话回来问公司目前的进展，她懒懒接起，听得他在那端“喂”了一声，真是一字如惊雷，将她的心轰隆隆地炸开了口。她握着话筒，喉头哽咽，万语千言，却又说不出口。她急忙抬手唤来同事，话筒一丢，人已落荒而逃。她怕自己承受不起。

元旦的时候，公司惯例地举行联欢晚会，他带着妻子一起出席。她躲在角落，看那个华贵优雅的女人谦和有礼地替他答谢诸位员工，看他优雅地牵过妻子的手滑进舞池，看他温柔地为妻子整理鬓边的头发，看他附在妻子的耳边轻轻说话，她的心一阵紧似一阵地痛，一分一秒都是煎熬。晚会没有结束，她就借故离开了。在一家酒吧，从没喝过酒的她，醉得一塌糊涂。

醒来已是第二天黎明，睁开眼睛时他正坐在床前微笑着看她。她一时恍惚，是梦吗？他揉揉她的头发说：“你这个傻丫头，不会喝酒就别喝那么多，亏得我们路过，不然还不知醉成什么样呢。”

他的妻子把一杯热茶放在她的掌心，一句话石破天惊：“谢谢你也爱他。”

是她自己出卖了自己，昨夜梦中不停地呼唤他的名字，隐秘的心事终于大白于天下。

他的妻子笑笑，说：“我明白你的心思，因为我也有过你那样的年龄，这种痴迷和爱恋，我也曾有过。爱并没有错，只是，需要一个更合适的人去承载它。”女人的手爱怜地拂过她的发，接着说道：“傻丫头，你还年轻，会找到真正属于自己的那个人的。”

她闭着眼睛，让眼泪恣意横流。

半个月后，她主动交上了辞职信，回到家乡那个安稳而舒适的小城。三年后，她找到一个儒雅温柔的男人，彼此相亲相爱，幸福美满。她喜欢叫他“瓶子”，在油烟弥漫的厨房里，在人声鼎沸的菜市场里，在情意绵绵的电话里。这个毫不相干的称呼，她叫得张扬，他应得甜蜜。

有一次，她突然问他：“知道为什么叫你瓶子吗？”此时的他正修理电灯泡，头也不回地说：“你要是美丽的玫瑰花，我就是古董花瓶；你要是纯净的水，我就是矿泉水瓶；你要是醇香的老酒，我就是酒瓶子啦。”

她“扑哧”一声笑了，她承认，这是20多年里她听到的最动听的情话。是的，丰盈的感情，只有在自己的瓶子里，才能开得恣意芬芳，娇艳醇香。她没有强求结果，而是选择了顺其自然。

生命中的许多东西是不可以强求的，那些刻意强求的某些东西或许我们终生都得不到，而我们不曾期待的灿烂往往会在我们的改变中不期而至。太过在意一些东西，只能徒增烦恼，一切顺其自然，生活反而会十分惬意。因此，面对生活中的顺境与逆境，我们应当保持“随时”、“随性”、“随喜”的心境，顺其自然，以一种从容淡定的心态来面对人生，这样我们的生活就会有意想不到的收获。顺其自然者，当成大器。

有一位登山运动员，在一次攀登珠穆朗玛峰的活动中，在6400米的高度时，他渐感体力不支，停了下来，与队友打个招呼，就悠然下山去了。事后有人为他惋惜：为什么不再坚持一下，再努一把力，就可以跨过6500米的登山死亡线啦。他回答得很干脆：“不，我最清楚，6400米的海拔，是我登山生涯的最高点，我一点都不感到遗憾。”

人们不禁对这名登山运动员肃然起敬。现实中，我们往往不怕拔高自己，就怕自己的高度超越不过别人。其实，任何事情都存在临界点，但不是任何人都能找到并穿越临界点，抵达更高的层次。因此，学会顺其自然、适可而止至关重要。生命有自己的极限，超过这个极限可能就会遭到报复。不去强求，是对生命的尊重，尊重不就是一块令人肃然起敬的碑石吗！

凡事有因必有果，因果往复循环，方为自然的本真。幸福的人生，会尊重生命的因和果，不去强求自己，即使不能达到永恒的幸福，也让人生充满了幸福的收获。

繁花谢了，有再开的时候；春天去了，有再来的时候；芳草枯了，有再绿的时候；心情坏了，有再好的时候。世间的种种，在时间中循环往复，交替进行。所以，当你不快乐的时候，请一定要对自己说一声：“何必计较！何不顺其自然？”

别让自己身处险境

狼，可以说是一种比较聪明的动物，它们性格凶残，喜欢成群结队追捕猎物。即便是这样，狼也敌不过人的智慧，落入人的圈套，将自己推入万劫不复。

狡猾的狼究竟是如何落入人设下的圈套的呢？

据说，爱斯基摩人有一个世代相传的捕猎狼的办法，非常特别，也极为有效。严冬季节，他们在锋利的刀刃上涂上一层新鲜的动物血，等血冻住后，他们再往上涂第二层血，再让血冻住，然后再涂……

就这样，很快刀刃就被冻住的血掩藏得严严实实了。

然后，爱斯基摩人把血包裹住的尖刀反插在地上，刀把结实地扎在地上，刀尖朝上。当狼顺着血腥味找到这样的尖刀时，它们会兴奋地舔食刀上新鲜的冻血。融化的血液散发出强烈的气味，在血腥的刺激下，它们越来越快，而且越来越用力，不知不觉所有的血被舔干净，锋利的刀刃暴露出来。

但此时，狼已经嗜血如狂，它们猛舔着刀锋，在血腥味的诱惑下，根本感觉不到舌头被刀锋划开的疼痛。

在北极寒冷的夜晚里，狼居然不知道它舔食的其实是自己的鲜血。它只是变得更加贪婪，舌头抽动得更快，血流得也更多，直到最后精疲力竭地倒在雪地上。

人类正是利用了狼的本性，将其猎杀。如果狼懂得收敛自己嗜血的欲望，断然不会搭上自己的小命。而人类，又何尝不是看不到自己的本性，一味地只顾着自己，对其他的人和事不管不顾？像狼那样，最后只能看不见自己。所以，人要运用自己的智慧，经常审视自己的处境，别等到身陷囹圄，才想起往外面逃。

一个朝气蓬勃的年轻人，大学毕业后成功地进入了一家排名位居世界500强的大企业，第一个月他就拉到了一个大订单，在这个企业新人业务中创造了史无前例的纪录。大笔的奖金、恋人的称赞、同事的羡慕、上司的夸奖、赞美之声开始充斥在他的耳旁，这突如其来的成就感让他飘飘然了。

此后的一年中，他彻底被金钱和虚荣俘获了，成了欲望的奴隶，终日奔波在工作中，为了拉到客户甚至不择手段，与同事之间的矛盾也开始显露出来。在公司，他目空一切，人际关系越来越紧张。由于他忘乎所以地追求金钱与名望，与恋人相处的时间也越来越少，两人的关系也出现了裂痕。

然而，他对这一切只是漠然视之，强烈的成功欲望让他舍弃了很多东西。一次，他犯了一个意外的错误，而这是公司所不允许的。同事的举报，让他彻底落进了深渊。最终，公司的领导作出了一个决定，他被公司扫地出门了。

这一沉重的打击，彻底击败了他。他生病了，躺在病床上，开始回忆自己一年多的生活。突然，他发现，自己在这一年多的时间里失去了很多，盲目地以为金钱越多幸福就会越多，然而，他自己都记不清有多长时间没有陪父母了，有多久没有和恋人谈心了，有多久没有在球场上纵横驰骋了。

一朝醒悟，悔恨就在眼前。他先后给父母、恋人、朋友打了电话，听着熟悉的声音、亲切的问候，他才恍然明白，成功还需要别人的支持，眼里如果只有成功就可能会被烧成灰烬，而有爱、有家人的人生才是圆满的。

幸好这个年轻人悬崖勒马，及时认识到了问题的关键。生活中不乏不撞南墙不回头的人，他们被自己的欲望驱使着，只知不达目的誓不罢休。在巨大的考验面前，如果不看清前面路，结果只会让自己身处险境。

有一位大寺庙的住持，因年事已高，心中思考着找一个接班人。

一日，他将两个得意弟子叫到面前，两个弟子一个叫慧明，另一个叫了尘。住持对他们说："你们俩谁能凭自己的力量，从寺院后面悬崖的下面攀爬上来，谁将是我的接班人。"

慧明和了尘一同来到悬崖下，那真是一面令人望而生畏的悬崖，崖壁极其险峻、陡峭。身体健壮的慧明信心百倍地开始攀爬，但是不一会儿，他就从上面滑了下来。慧明爬了起来，又重新开始了攀爬，尽管他这一次小心翼翼，但还是从悬崖上面滚落到原地。慧明稍事休息后又开始攀爬，尽管摔得鼻青脸肿，他也决不放弃…

让人遗憾的是，慧明尝试了无数次，最后一次他拼尽全身之力，爬到一半时，因气力已尽，又无处歇息，于是重重地摔倒在一块大石头上，当场昏了过去。住持不得不让几个僧人用绳索将他救了回去。

接着轮到了尘了，他一开始也和慧明一样，竭尽全力地向崖顶攀爬，结果也是爬到半路就摔了下来。了尘紧握着绳索站在一块山石上面，他打算再试一次，但是当他不经意地向下看了一眼以后，突然放下了用来攀上崖顶的绳索，整了整衣衫，拍了拍身上的泥土，扭头向着山下走去。

旁观的众僧都十分不解，难道了尘就这样放弃了？大家对此议论纷纷，只有住持默然无语地看着了尘的去向。

了尘到了山下，沿着一条小溪流顺水而上，穿过树林，越过山谷……最后没费什么力气就到达了崖顶。

当了尘重新站到住持面前时，众人还替了尘捏了把汗，以为住持会痛骂他贪生怕死、胆小怯弱，甚至会将他逐出寺门。谁知住持却微笑着宣布了尘成为新一任住持。众僧皆面面相觑，不知所以。

了尘向其他人解释："寺后悬崖乃是人力不能攀登上去的，但是只要于山腰处低头看，便可见一条上山之路。师父经常对我们说'明者困境而变，智者随情而行'，就是教导我们要知伸缩退变，不让自己处于危险的人才是聪明的人啊！"

住持满意地点了点头说："若为名利所诱，心中则只有面前的悬崖绝壁。天不设牢，而人自在心中建牢。在名利牢笼之内，徒劳苦争，轻者苦恼伤心，重者伤身损肢，极重者粉身碎骨。"

然后，住持将衣钵锡杖传交给了了尘，并语重心长地对大家说："攀爬悬崖，意在勘验你们的心境，能不入名利牢笼，心中无碍，顺天而行者，便是我中意之人。”

我们似乎都在生活中不断攀爬这块通往幸福之路的绝壁，碰得头破血流也要往上爬。而实际上，这块绝壁根本就没有爬上去的希望，但是我们总以为自己只要坚持就可以，而如果我们能够像僧人了尘一样，在高处时低头看一看，或许会发现另一条可以通往崖顶的路。

一个女人爱上一个本来不应该爱的人，但总是执迷不悟，深陷其中，常常为此伤心流泪。一个没有结果的爱，爱上一个不该爱的人就如同攀爬这根本上不去的悬崖一样，没有结果，而且自己随时可能掉下来摔个粉碎。而有些女人被金钱所惑，找丈夫一味地要找有钱人，一味地以这个为标准，最终错过了不少很好的人。而过了结婚的年龄，她们又匆匆地结婚，婚姻也是很不幸福的。这样不是把自己推向幸福，而是将自己置于险境。

危险之处往往没有预兆，没有标志，而且有许多陷阱，就像流沙，看似波澜不惊，却暗藏着玄机。所以，要提高警惕，看清一切，别让自己身处险境当中。即使吃了苦头，摔了跟头，也不要过于天真，那些泰然的、懂得变通的、不让自己处于危险的人往往会获得意想不到的幸福。

痛苦和幸福全在于欲望的一线之隔

痛苦和幸福的中间隔着一条河，这条河流叫做欲望。

幸福，并不是拥有多少东西，关键是如何填补心灵。过多的东西，未必会使人感到百分之百的满足，甚至会成为人们走向幸福的路障。许多父母竭力在物质上满足孩子，认为自己挣到许多钱，孩子就能快乐、幸福，却忽略了孩子的心灵成长，很少和孩子在一起作情感上的交流，感受家庭的温馨。当孩子和父母产生了距离感后，无论花多少钱都买不回来这份亲情。于是，当父母到了晚年，需要孩子的关爱时，发现孩子就像当年的自己，马不停蹄地赚钱、工作、建立自己的事业，对于家人，根本无暇顾及。冷漠的亲情，让自己后悔不迭。

有的人为了奔向大房子、名车，不再满足于自己的一亩三分地，更不想自己永远是“无车一族”。他们认为大房子才是体面的、舒适的，尽管房贷的压力巨大，可是为了摆脱自己的蜗居，明知道房价飞涨，买房要多花很多冤枉钱，还是一咬牙、一跺脚选择做冤大头。而为了心爱的车，更是“衣带渐宽终不悔，为伊消得人憔悴”。周军就是一个很好的例子。

看着同事们都有自己的私家车，周军心里痒痒的。一番规划后，一天，他找了一个朋友陪他去车市选购。

周军是工薪族，收入有限，所以主动给自己设了一道底线：包括上牌，买汽车不能超出六万元。周军很早就看中了一款车，于是，带着朋友直接去4S店。迎面来的导购小姐带着职业化的微笑、优雅的手势熟练地介绍这款车的性能、特点和价格，周军一脸满意的样子。对周军来说，这确实是一款不错的车，完全符合他的选择标准。

在对车子的各个方面了解得差不多的时候，周军准备去提车了。但是，在周军和朋友走到玻璃桌之前，导购小姐冲他们一笑，看似不经意间说了一句：“其实，这辆车是前两年的老款了，最近公司推出了新款，外观更漂亮，设计更合理，价钱也就是多了几千块钱，您要是感兴趣可以看一看。”冲着设计更合理这一点，周军有些心动，加上价钱区别又不大，看看也无妨。

新款的外观确实漂亮多了，周军果然动心了，准备放弃买老款，决定改买新款车了。这个时候，导购小姐转而向周军推荐别的系列，她说：“其实，这一系列的车安全性稍弱一些，你不如考虑一下××系列的车，价格比您选中的这辆车只高出6000元。”

当周军和朋友坐上新车时，自我解嘲道：“没想到，我就这么一点点地掉进导购小姐设置的圈套里面了，原本只打算花六万买车，开回家的却是12万元。我房屋按揭刚刚还清，现在又得按揭汽车了。”

刚摆脱掉“房奴”的称号，周军便成了“车奴”。欲望把他推向了另一个旋涡。或许在别人看来，这并没有什么不好，如果12万的车物有所值，性价比超过6万的车，那就不算亏。可是没有人能替周军脱离还贷的苦海，他在享受称赞的同时，又要经历着痛苦的轮回。欲望超过了自己的承受能力，便向痛苦蔓延。

一位女同事，买手机时总是挑当下最时尚的买。但没用几个月，市场上就出现了更流行的款式，她就接着买新的，把不用的手机拿到二手市场便宜卖掉。对时尚的追求令她欲罢不能，几年里换了很多手机。有一次她感慨万千地说，不断地换手机使她损失了上万元，但她现在用的手机还不是最新的款式。

这种欲望简直成了一种病态，让人疯狂地迷恋，从而失去了判断的理智。

在欲望前，王斌对幸福和痛苦看得非常清楚，他明智地作出了选择。他在结婚前买了一套新房，房子面积不大，只有80多平方米，装修也很简单，没花多少钱。王斌说，对于他的收入来说，这样的面积和装修是合理的。如果买流行的100多平方米的房子并进行豪华的装修，那在以后的几年里，他必须有节制地消费，有计划地还房款，生活将不再从容。王斌说住进新房后他感到很满足，他不会羡慕别人面积更大装修更漂亮的房子，更不会羡慕有钱人的豪华别墅，因为那样会使他一辈子都不快乐。

王斌真是一个聪明的人，这不是吃不到葡萄说葡萄酸，而是他懂得对欲望说“不”，他懂得如何规划好自己的生活。想要的太多，贪得无厌，带来的并不一定就是幸福。

从前，有个地主去拜访一位部落首领，想从部落首领那里要块地。首领说，你从这儿向西走，做一个标记，只要你能在太阳落山之前走回来，从这儿到那个标记之间的地都是你的了。

太阳落山后，地主还没有回来，因为走得太远，他在路上累死了。

相信那个地主不会忘记，必须在太阳落山之前赶回来的规定，或许，他不止一次地停住西行的脚步，准备往回返。但是，在这个时候，他想：再走几步吧，这样就能得到更多的土地，欲望一点儿一点儿牵引着他越走越远，他以为自己走向的是幸福，殊不知，走上了一条不归路。

我们别指望完全消除欲望。我们能做的，就是尽力把它修剪得更美观。放任欲望，它就会像疯长的灌木，丑恶不堪。但是，经常修剪，就能成为一道悦目的风景。

曼谷的西郊有一座寺院，因为地处偏远，香火一直非常冷清。

原来的住持圆寂后，索提那克法师来到寺院做新住持。初来乍到，他绕着寺院四周巡视，发现寺院周围的山坡上到处生长着灌木。那些灌木没有经过任何人的剪修，树形恣肆而张扬，看上去随心所欲、杂乱无章。索提那克找来一把园林修剪用的剪子，不时去修剪一棵灌木。半年过去了，那棵灌木被修剪成一个半球形状。

僧侣们不知住持意欲何为，问索提那克法师，法师却笑而不答。

这天，寺院来了一个不速之客。来人衣衫光鲜，气宇不凡。法师接待了他。

寒暄，让座，奉茶。对方说自己路过此地，汽车抛锚了，司机现在修车，他进寺院来看看。

法师陪来客四处转悠。行走间，客人向法师请教了一个问题：“人怎样才能清除掉自己的欲望？”

索提那克法师微微一笑，转身进内室拿来那把剪子，对客人说：“施主，请随我来！”

他把来客带到寺院外的山坡上。客人看到了满山的灌木，也看到了法师修剪成形的那棵。

法师把剪子交给客人，说道：“您只要能经常像我这样反复修剪一棵树，您的欲望就会消除。”

客人疑惑地接过剪子，走向一棵灌木，用剪子“咔嚓咔嚓”地剪了起来。

一壶茶的工夫过去了，法师问他感觉如何。客人笑笑说：“感觉身体倒是舒展轻松了许多，可是日常堵塞心头的那些欲望好像并没有放下。”

法师颔首说道：“刚开始是这样的。经常修剪，就好了。”

来客临走的时候，和法师约定，10天后他会再来。

法师不知道，来客是本地区最享有盛名的娱乐大亨，近来他在生意上遇到了以前从未经历过的难题。

10天后，大亨来了；16天后，大亨又来了……三个月过去了，大亨已经将那棵灌木修剪成了一只初具规模的鸟。法师问他，现在是否懂得如何消除欲望。大亨面带愧色地回答说：“可能是我太愚钝，每次修剪的时候，能够气定神闲，心无挂碍。可是，从您这里离开，回到我的生活圈子之后，我的所有欲望依然像往常那样冒出来。”

法师笑而不言。

当大亨剪出的鸟完全成形之后，索提那克法师又向他问了同样的问题，他的回答依旧。

这次，法师对大亨说："施主，你知道为什么当初我建议你来修剪树木吗？我只是希望你每次修剪前，都能发现，原来剪去的部分，又会重新长出来。放任欲望，它就会像这满坡疯长的灌木，丑陋不堪。但是，经常修剪，却能成为别样的风景。对于名利，只要取之有道，用之有道，利己惠人，它就不应该被当做是心灵的枷锁。"

大亨恍然大悟。

此后，随着越来越多的香客的到来，寺院周围的灌木也一棵棵被修剪成各种形状。这里香火渐盛，日益闻名。

不穿越"欲望"的浮尘雾障，幸福永远是不可企及的。痛苦和幸福，也仅仅是一念之差，一线之隔罢了。

欲望被设限，幸福才能不设限

欲望就如同是暗藏于内心里的一粒酵母，在灌满忌妒、虚荣和贪婪等的酱缸里，发酵变化，小小的一粒，一点点变大，大如斗，大如牛。永无止境的欲望带来的是巨大的灾难，拥有被设定了限度的欲望，才能得到无限大的幸福。

欲望在人的生命中就像是一把高悬的双刃剑，它既是痛苦的根源，又是幸福的源泉，关键是人们如何利用。的确，每个人都应该有欲望，没有欲望的人，就像不知道幸福、痛苦为何物的塑像，每天的日子都过得像白开水般平淡，十年如一日，一生皆如此；欲望太多的人，眼花缭乱，无法真正体会到幸福的感觉，每天都仿佛深陷沼泽地；而合理的、设限的欲望，让人生活有了方向，有了满足，更有了幸福。

如果欲望不被设限，就会一个接着一个，无穷无尽.实现了这个欲望，还有那个欲望在等着，“得陇望蜀”、“一山望着一山高”是人们的通病。诚然，欲望有时候会像一根鞭子一样，督促着人们前进，可是脱离了实际、不能适可而止的欲望，让人们的幸福指数大大降低，可是，人们还浑然不知。

有一个寓言故事，讲的是一位富有的先生，搬花瓶去晒太阳的时候,一不小心打碎了花瓶下面的托盘。于是他去商场准备买个新的回来。导购小姐非常热情地给他推荐一个样式极为精致的纯金托盘，他觉得并没有什么不妥，于是就买了。但是，导购小姐乘胜追击，既然托盘是纯金的，放花的茶几就应该高档一些，不如换成红木的；既然放花的茶几都是红木的，那么其他家具，比如床、梳妆台和餐桌等，都应该配套成高贵的红木……就这样，一件又一件，换到最后，这位先生把房子和太太全换了。

虽然这个故事很夸张，但是人的欲望确实就是这样逐渐膨胀起来的。有句话说得好：没吃饱，人只有一个烦恼；吃饱了，人就有无数个烦恼。最初，人的欲望可以说是小而卑微、合乎实际的，但是，随着外界的不断诱惑、旁人的劝说……诸多因素，这些就像是打气筒里的气，把那个名叫欲望的胎，一点点撑大了，鼓鼓的，让人看着感觉饱胀，这就是欲望之累。

有一位行者到寺庙中拜谒在这里修行的禅师，希望得到禅师的指点，解开他心中的疑惑。

行者问道：“禅师，人的欲望究竟是什么？”

禅师看了一眼行者，说道：“你先回去吧，明天中午的时候再来，记住不要吃饭，也不要喝水。”

尽管行者不明白禅师的用意，但是，还是一一照办了。第二天，他再次来到禅师面前。

“你现在是不是又渴又饿？”禅师问道。

“是的，我现在可以吃下一头牛，喝下一池水。”行者舔着干裂的嘴唇回答道。

禅师笑了笑：“那你现在跟我来吧。”

二人走了很长一段路，来到了一片果林前。禅师递给行者一只硕大的口袋，说道：“现在你可以到果林里尽情地采摘鲜美诱人的水果，但必须把它们带回寺庙才可以享用。”说罢转身离去。

太阳下山的时候，行者终于扛着满满的一袋水果，步履蹒跚、汗流浃背地回到了禅师面前。

“现在你可以享用这些美味了。”禅师说道。

行者迫不及待地伸手抓过两个很大的苹果，大口大口地吃起来。顷刻间，两个苹果便被他狼吞虎咽地吃了个干净。行者抚摸着自己鼓胀的肚子疑惑地看着禅师。

“你现在还饿吗，还渴吗？”禅师问道。

“我现在什么也吃不下了。”

“那么这些你千辛万苦背回来却没有被你吃下去的水果又有什么用呢？”禅师指着那剩下的几乎是满满一袋的水果问。

顿时，行者恍然大悟。

其实，对我们来说也是一样，我们真正需要的不过是“两个苹果”充饥而已，而那些剩余的欲望，对我们来说，仅仅是没有任何用处的累赘罢了。

那么如何给欲望设限呢？两个苹果和剩下的水果都曾打动我们的心，如何能区分哪些是我们真正需要的？哪些是可有可无、不必执著追求的？不妨看看成功人士是如何做到的。

吉盛伟邦家具有限公司在上海可以说是风生水起，有声有色。它的老板邹文龙曾说，自己成功的动力全来自“三大差别”。这“三大差别”不是他自己提出来的，是他现在的岳父给他提的。邹文龙在高二的时候就与女朋友相识，但是，那时他的身体不太好，结果他的女朋友考上了大学，他却落了榜。女朋友的父亲就对邹文龙说：“你和我的女儿有三大差别：第一是户口的差别。我的女儿是城市户口，而你却来自贫穷的农村。第二是未来的差别。我的女儿已经考上了大学，以后要从事的工作基本上有了定位，而你却不得不接一个亲戚的班，到一个小杂货店去搬油盐酱醋，出卖劳动力。第三是健康上的差别。你因为身体不好而影响了考大学，很难想象怎么靠体力活儿吃饭。你怎么能够养得活我的女儿，让我女儿幸福？所以，你和我的女儿谈恋爱，我坚决不同意。要想不放弃自己的女朋友，那就只有一条路，就是想方设法去消灭与我女儿之间的三大差别。”

可以说，这三大差别成为了邹文龙走向成功的推动力。而正是这三大差别，给了他源源不断的动力，并且一举获得了成功。从北方冰雪之国的长春来到上海的邹文龙，在上海打出了一片属于自己的天地。如今，昔日的女朋友早已变成了老婆，邹文龙还是喜欢对老婆说：我都是为你做的。

事实上，邹文龙的说法是不完全正确的。说得夸张一点，是为了得到才做的。从本质上来说，这是欲望的推动作用，辅之以出色的行动力，邹文龙终于如愿以偿，抱得美人归。

邹文龙的成功欲望是来源于现实世界的刺激，是在外力的作用下产生的，虽然并非是正面、积极的鼓励，却唤醒了他内心的欲望，为人生带来强大的动力和推动力。他的欲望或者说梦想都是切近现实的问题，渴望改变身份，提高地位，积累财富等欲望，只要付出努力就能够实现，因而为他完成这人生三大差别提供了源源不断的动力支持。

一个真正的成功者一定是能控制自己欲望的人。除非不愿意成功，否则，每个人都完全可以轰轰烈烈、堂堂正正地去追求自己的所欲所愿。圣人孔子一旦学有所成，便周游列国，其实也希望能谋求一官半职。所以，欲望无所谓俗与不俗。我们追求的不就是成功吗？但绝不要为了永无休止的欲望而无所谓地失去了更多的东西。如为了生存，我们不惜透支体力和精力；为了爱情，我们透支了青春和情感；为了财富和地位，我们失去了健康和快乐，甚至丢掉了性命。

许多人都不甘心，不能拥有心爱之物就会难过，没有足够多的金钱就会烦恼，为自己外表没有魅力而苦闷……为什么会这样？当我们无法得到自己想要的东西时，就会倍感不幸？为什么我们必须要得到我们所要的？这是我们的权利吗？可世上有那么多人未曾得到他们自己所需要的东西啊！

仅仅用财富、权力、职位来掩盖我们自己是意义上的缺失，我们仍在不幸中。不幸、悲痛使我们无处藏匿，真正的人既没法投入保护人的怀中，也不肯隐藏在财富和权力里。渺小、空虚、欲求不满的心态使人努力想成为什么，但这种索取正是我们陷入悲痛的根源。放下执著的心，审视内心世界，我们会发现，原来把欲望设限后，所要求的幸福并没有减少，反而增多了。

如果我们不为欲望设定底线，就会沦为欲望的奴隶，最终陷入不能自拔的深渊，与幸福女神擦肩而过。而只有为自己的欲望设定底线，并且严格遵守这个底线，才能保证我们的幸福指数，不让无尽的欲望毁了我们的幸福。

欲望可以点燃浮躁，让幸福毁于一旦

人们对成功、幸福等渴望拥有的迫切心，让各种欲望伺机萌芽。而这些不断生长的欲望就像是病毒一样，在社会的各个角落肆意传播，让人们变得心浮气躁，急功近利，无法宁静。世间不乏聪明的人，成功者却寥寥无几，因为欲望蒙蔽了多数人的双眼，始终不能做到专一做事，自身更缺乏意志和恒心，到头来只能是一事无成。更有甚者，做了许多“歪门邪道”的事情，为了一己私利，不惜毁掉别人的幸福。

“揠苗助长”的故事，是讲了我国古代的一个农民，为了让自家田里的禾苗长得高些、更快一些，就把禾苗一棵一棵地往上拔。拔完之后，他回到家里对家人说：“今天真是太累了，田里的禾苗都在我的帮助下长高了。”而他的儿子听到后，赶忙跑到田里去看，只见到田里的禾苗都枯萎了。

看过这个故事的人都感觉这个主人公好傻，不知道农作物生长的道理，主人公想快点收获，本意并没有错，但是，由于欲望引发了浮躁而使得方法却弄错了，他自以为很聪明的方法让自己尝到了恶果。

欲望引发浮躁，而浮躁带来的苦果难以想象。急于求成不但不会获得想要的结果，而且还会“坏事”。浮躁引发的只是盲目的幸福，只能让我们离幸福的轨道越来越远。很多人在找工作的过程中很容易产生一种浮躁心理，尤其是那些刚刚走出大学校门的大学生。实际上，浮躁对我们做事毫无益处，反而成为我们成功路上的障碍，不管碰到多少次失败，我们都必须保持平静的心态，认真总结自己的经验和教训，锲而不舍，只有这样，我们才能真正地体会到成功的感觉，哪怕是微小的成功，带给我们的依然是幸福感。

一次，一位朋友找志刚帮忙，为他们公司的客户策划一个最佳的广告方案，对方是一家全球著名的航空公司。这位朋友和同事们已经苦苦思索了两周时间，提出了各种各样的方案，却发现没有一项令人满意。于是，志刚也很当回事儿地琢磨起来，绞尽了脑汁，就是想不出充满创意的点子。眼看着快到对方要求的最后期限了，他们都还没有整理好思绪。

志刚自己也像是陷入一种怪圈，思维就是打不开，绕来绕去，把自己绕得头昏脑涨，却还是没有灵感。末了，志刚对自己说："停一停，让我整理思绪，一切从头开始。"于是，志刚把所有讨论的方案、草拟的观点、绘图及其他的所有材料统统扔进垃圾桶里。清理完桌子后，志刚开始尝试着清理自己的大脑。他静静地坐下来，一动也不动，像是睡着了般安静。每逢脑海里有想法来袭时，他都将它们打发走。也不知道过了多久，总之他的内心世界彻底安静下来。

突然，智慧的火花从志刚宁静的头脑中迸发了，一个完整的创意在他脑子里悄然形成。志刚将整个构思写在了纸上……最后，这一构思原封不动地被采纳了。

浮躁对人们毫无益处，摆脱浮躁却能点燃智慧的火花。对于求职者来说，浮躁心理如同是大敌，戒骄戒躁是求职者首先应该做到的求职前提。

几年前，大学刚毕业的陈冉通过向亲朋好友、银行借贷，弄来了10万元创办了一个小公司。由于她准确的判断，抓住了市场机会，她的公司得到了迅速的发展。在公司成立的第一年，她通过自己的努力就获得了不错的成绩，规模也得以扩展。随后的一段时间中，公司发展一直稳中求胜，在业界也有了一定的知名度。而有魄力的陈冉作为公司的创业者，对公司的未来充满信心。

在一次大客户招标会上，陈冉原本以为凭着公司实力肯定能大获全胜，但是，没想到半路上杀出个程咬金，一家更强劲的竞争对手将订单横刀夺去，这对陈冉的自信心是很大的打击。而经过这件事，陈冉产生了一种强烈的危机感，一向做事有条不紊、镇静自如的她开始被一种挥之不去的浮躁感所困扰。在这种浮躁情绪的逼迫之下，陈冉开始对公司员工施加压力，要求员工不断加班加点，恨不得所有人都只是干活而不需要休息；无休无止地开会讨论公司各种发展机会，不断对公司的策略发展方案进行改动，企图在短期内看到一定的成效。她千方百计地试图打造出百分百的公司竞争力，让公司在竞争中求胜。

但是，让陈冉感到失望的是，一切的努力最终都没有如愿以偿地实现预定的目标。在她吹毛求疵地严格要求下，整个公司的创新精神受到重挫，不要说业绩有提升的迹象，相反，还没有招标前优秀，而且公司的员工们整日惶惶恐恐，生怕做错事被罚，于是抱着不求有功只求无过的心理进行工作。另外，陈冉的浮躁情绪为整个公司的氛围蒙上一种人为的紧张：在她面前，员工们如惊弓之鸟，生怕由于一点点失误而受到斥责；而公司的高层主管，在向她汇报工作的时候，尽量选择用美化的词语去报告工作，而不直言工作过程中真实存在的缺陷与危机。对陈冉来说，更糟糕的是，公司几名核心骨干由于无法承受陈冉的“高压”政策而辞职了，公司的发展受到影响。

陈冉迫切成功的欲望，导致了她的浮躁，而正是她的浮躁成为了公司业绩直线下降的导火索。对待员工，她缺少良好的情绪，甚至表现得非常苛刻，最终导致了公司濒临瓦解。而她也不得不面对浮躁带来的种种危机。

我们追求幸福的心情，有时不能太急躁，即便是在痛苦之巅时，也要守住那一方沉稳，熬过漫漫长夜，忍住暂时的风吹雨打，才能迎接黎明的到来。一个圆满的幸福，总要经历坎坷，穿过煎熬。只要我们怀抱着一颗积极的心，就不会害怕黑夜的漫长，因为黑夜终究会过去！

昙花一现的难能可贵，是因为它的美丽只在极为短暂的一刹那才得以展示。很少人看到昙花的美，因为这需要经历漫长的等待。也许我们还未准备好，它便已经完成了整个生命的历程。

总之，远离浮躁，合理引导我们的欲望，让欲望成为我们的动力，而不是牵绊。只要我们能够坚持，真正的静下心来，认真地去生活、工作，我们做得会比现在好得多。也只有拭去心灵深处的浮躁，才能找到每个人心底的幸福和快乐。在很多时候，我们都急需在心中添把火，以燃起某些希望；而在某些时候，我们需要在心中洒点水，习惯等待，以浇灭某些急于求成的欲望，不让幸福毁于一旦。

又是虚荣心在作怪，要和虚荣心抗争到底

作为人类一种与生俱来的天性，虚荣心很难被完全抹杀掉。天真的孩子会因为受到老师的一句表扬而欢欣雀跃；终日忙碌的人们会相互标榜事业、家庭上的成功。现代社会经济发展突飞猛进，每个人的心里多多少少都有虚荣的种子滋生，出现爱慕虚荣的苗头。人们的需求已经不仅仅是为了生存，为了解决温饱，而是要求自己在任何方面不低别人一等，千方百计向别人证明自己各个方面才是最好的。

小王和小李是老同学，从他们的对话中我们可以看出在与别人沟通的时候，人们是如何彰显自己，从而满足自己的虚荣心的。

小王："好久不见，最近过得怎么样？"

小李："忙死了，一直没有时间和你聚聚。你最近在做什么？"（我有很多事要做。）

小王："最近刚完成一个知名品牌的全国宣传。"（我负责的可是知名品牌的相关工作。）

小王："我前几天去鸟巢看了一场大型演唱会，那场面太让人震撼了！票特别难买，我的票是一个好朋友通过特殊渠道搞到的。你下次想要看什么演出可以找我，我让我朋友帮你弄票。他办事很让人放心。"（我比你眼界宽、有人脉，朋友很有办法。）

小李："你说鸟巢的那次演出啊，有个生意上的朋友想要请我去看的，可是我不喜欢那个歌星。你要是什么时候有好的话剧的票我倒是可以考虑。"（这个没有什么了不起的，我也做得到，只是不稀罕。）

小王："这家店咖啡的味道太一般了啊！"（我喝过的咖啡比这个都要好。）

小李："我倒是很喜欢来这家店，他们挺特别的，有自己独到的工艺，而且环境不错，所以才约你来这里。"（我对咖啡的研究比你要多。）

小王："我经常去的是一家意大利咖啡馆，那是全北京最好的咖啡馆，等有空我带你去啊！"（我才知道什么是最好的咖啡。）

平淡无奇的对话原来暗藏着这样的潜台词。两人表面上在聊天，实际上是互不相让，都在证明自己有实力，希望对方是陪衬。人们想的不再是"只要你过得比我好……"而是在享受我们的生活过得比别人好。不光我们的言行中有这样的表现，内心都会有这样的需求。人们甚至觉得这不是虚荣心在作怪，而是一种现代的标志。

"煮酒论英雄"不也是借谈话表现自己虚荣的代表吗？想当年，曹操与刘备煮酒论英雄，虽然表示出"使君与操耳"，实际上只不过是用刘备来作自己的陪衬罢了，若他真把刘备当回事，疑心病重的他怎会放过刘备？看到刘备自叹不如，肯放下皇亲的身段承认自己的位置，曹操的虚荣心一下子便得到了满足。而不知眉眼高低的杨修，将曹操的虚荣心践踏无余，下场自然不会好了。

素来怀有雄才大略、自视甚高的曹操，被杨修屡屡破坏他的好事。杨修一再当众道破他心中所想，严重地伤害了曹操的虚荣心，才惹来杀身之祸。杨修之死，既可悲可叹，又很可怜。如果他自己能低调一些，不为虚荣心蒙蔽双眼，好好保护自己的小命，不知道会为后世留下多少历史佳话。而曹操的虚荣心让他失去了诸多良机，失去人心，本有统一中国的实力，却只能偏安一隅。所以，我们不难看出来：物极必反，过度膨胀的虚荣心很容易让人走向它的反面。

在没有达到自己的目的以前，人们往往被自己的现状所折磨，受尽煎熬。虚荣的人会选择打肿脸充胖子，让自己的心里获得短暂的满足，尽管暂时的安慰过后，袭来的会是更严峻的现实考验，他们也依旧如此。当人们达到了自己的目的以后，却害怕被别人再次超越，于是压力又随之而来，而虚荣就成了他们缓解内心空虚的一种手段，长此以往，只能因为这种扭曲的欲望，让幸福越来越远。

花开到荼靡，就会影响之后果实的生长，甚至成为无果之花。虚荣岂不同样如此？在花开之后却没有果实作为回报。还记得中学语文课本中的那篇《项链》吗？玛蒂尔德为了在舞会上让自我的虚荣心得到满足，于是向富贵的朋友借了一条“价值不菲”的项链作为装饰。她成功了，在舞会上她成为全场的焦点，大放异彩。然而大喜之后的大悲却让她始料未及，项链在舞会结束之后丢失了。玛蒂尔德用尽了余生的精力，只是为了偿还朋友的这条项链。谁知命运弄人，原来这条“价值不菲”的项链居然是假的。在弄清事实之后，玛蒂尔德也已年老沧桑。

莫泊桑用他那短小精悍的文章告诫人们虚荣心的可怕，它就像蛀虫一样侵蚀着人们的身心。很多年轻貌美的女性，让自己的青春败落在衣着的鲜亮之中。她们没有身心的修养，没有文化的充实，没有灵魂的洗涤……有的只是光鲜亮丽的外表。这样的女性在容颜渐失之后又有什么收获呢？虚荣带给自己一时的光彩，却让自我丧失了一世的聪慧。美丽如花的女孩，在虚荣的驱使下，亲手毁了自己的一生。

奥地利的女孩韦格，天生丽质，聪明过人，在一所大学里专修油画。她一直梦想自己能开个人画展，她的男朋友一直在积极为她筹备着，可是资金上的困难却始终没有解决。这时，她的男朋友作出了改变韦格一生的决定：他鼓励韦格去参加世界小姐选美比赛，初赛的奖金就已经高达5000美元。没想到，这个幸运的女孩不仅成功晋级初赛，并一路进军到了拉斯维加斯——她成了1987年度的世界小姐。

如今的韦格已不再需要画展，她曾经幻想有一个自己的家庭，和男朋友过着浪漫温馨的日子。然而她成为世界小姐，整天被阔佬阔少们包围着，理所当然地接受他们的大献殷勤，她再也不缺少浪漫与温馨了。作为世界小姐，高高站在财富与荣耀的顶端，似乎曾经的一切都不那么重要了。

韦格心安理得地享受着这一切，享受着世界小姐的荣耀带给她的琳琅满目的意外的“财富”。

正当事业如日中天时，她却生病了，患上一种名叫克里曼特的综合征。这种病的最大危险在于，她的双眼视力将逐渐衰退，最终将会失明。韦格因此而陷入绝望之中。

她的情绪低落到了极点，她开始诅咒上帝，不该把她的“意外收获”在“一瞬间”统统收回去，她认为是上帝妒忌她的天资聪颖，因此她更加怨恨交加。

就在韦格病重的消息传出不久，一个名叫帕迪的非洲小男孩寄给她一包土，说他们那里的人都用这种土来治病。韦格并不相信土可以治病，但还是抱着试试的态度用了，结果，她的病竟奇迹般地好了。

又是一次意外，使她欣喜若狂，财富又可以回到她的身边了，于是她发誓这次一定要紧紧抓住这些财富，绝不能再失去。

她后来嫁给了一个美国富翁。

在以后的日子里，韦格先后改嫁六次，可是没有一个男人令她满意。终于在一天夜里，她明白了，自己看起来拥有一切，其实却一无所有，她这辈子没有什么价值可言，于是她选择了自杀……

如果时光可以倒流，韦格发达时没有抛弃爱她的男朋友；如果被评为世界小姐之后，韦格不放弃她的绘画事业，她是不是会活得更加幸福，至少是充实的？虽然这些我们已经不得而知，但是，追求金钱、爱慕虚荣，让韦格彻底陷入虚荣的泥潭，无法自拔。

在生活中，往往不乏这样的人。爱慕虚荣是为了自己活得更快乐、更幸福，结果都事与愿违。

有的人，一辈子似乎都是在为别人而活，为获得别人的赞美常常甘愿忍受着痛苦。他们的满足源于别人的仰慕和崇拜，他们需要在别人面前永远保持光彩照人的美好形象，宁肯把苦水往肚里咽也不肯在别人面前掉泪，宁肯在家里省吃俭用也不肯在外面穿破烂衣服，他们绝对不能允许自己在别人面前丢面子。虚荣心很难说是一种恶行，然而一切恶行都围绕虚荣心而生，都不过是满足虚荣心的手段。虚荣不会使人感到幸福，当人们被虚荣心悄悄地笼罩时，痛苦也随之而来了。虚荣的人往往会不惜代价去博得别人的羡慕，让自己在鲜花与掌声中生活。在别人眼里，他们可能是出尽了风头，但实际上，他们就像光着脚在有刺的玫瑰花丛中翩翩起舞，这景象远远望去，非常令人神往，其实，他们的脚在滴血。

小宇是一家果品公司仓储的管理员，几年前从苏北的一个小城来到南京，不久便结识了一位年轻漂亮的姑娘小静。

在这位年轻漂亮的南京姑娘面前，小宇总觉得自己过于寒酸。为得到姑娘的爱，小宇经常花钱如流水，给心爱的姑娘买贵重的礼物，重要的节日里还要送花，并请小静去星级饭店里奢侈一下。

然而，家境再好又怎能维持没有节制的开销？

于是，他在一次顺手牵羊中获得了一笔意外的财产，让他感受到了有钱人的荣耀。此后，他便一发而不可收，先后偷窃各类财物价值十多万元。可是，法律怎能容罪恶一次又一次地泛滥？最后他还是落入法网。

小宇为博得女友的青睐与好感，竟然用盗窃得来的钱财维系自己的虚荣，终于滑向犯罪的深渊。这样的代价实在太大了。为了虚荣，许多人不惜犯罪，甚至成为历史罪人也在所不惜。

古希腊有这样一个传说：一位名叫赫洛斯特拉特的牧人，为了扬名四方，竟然放火烧毁了建筑学上非常有名的古迹埃凡司阿泰密斯神庙。

这就是后人用于比喻虚荣的所谓“赫洛斯特拉特荣誉”的来历。一个人一旦被虚荣冲昏了头脑，为了获得满足虚荣的快感，常常会丧失理智，不顾后果。古往今来，为满足虚荣而不惜铤而走险、以身试法的人屡见不鲜，他们不惜死要面子活受罪，尽管如此，也没有留下想象中的“不朽盛名”。

人们的虚荣正如4月雍容华贵的牡丹，只有那一时的争艳，忘我的享受着众人的目光，过后将是无尽的冷遇，花开花落，终究摆脱不了枯槁的命运。

得大智慧，舍小聪明

在工作中有的人喜欢投机取巧，耍小聪明偷懒，明明可以做得更完善的事情却不去做，总认为差不多就行了；明明是自己的责任，却推卸给别人或设法掩盖。殊不知一个人的素质和能力往往体现在工作的细节上，自认为头脑机灵而沾沾自喜，却不知这会影响了自己的前程。

亚里士多德说：“德可以分为两种：一种是智慧的德，另一种是行为的德。

前者是从学习中得来的，后者是从实践中得来的。”想成功，唯有诚信、负责、创新、积极进取等大智慧可取。而敢于冒险走创新路，也是一种可贵的大智慧。

在奥斯维辛集中营，一个犹太人对他的儿子说：“现在我们唯一的财富就是智慧，当别人说1加1等于2的时候，你应该想到大于2。”纳粹在奥斯维辛毒死了536724人，这父子俩却活了下来。

1946年，他们来到美国，在休斯敦做铜器生意。一天，父亲问儿子一磅铜的价格是多少，儿子答35美分。父亲说：“对，整个得克萨斯州都知道每磅铜的价格是35美分，但作为犹太人的儿子，你应该说3.5美元。你试着把一磅铜做成门把手看看。”

父亲死后，儿子独自经营铜器店。他做过铜鼓、做过瑞士钟表上的簧片、做过奥运会的奖牌。他曾把一磅铜卖到3500美元，这时他已是麦考尔公司的董事长。

然而，真正使他扬名的，是纽约州的一堆垃圾。

1974年，美国政府为清理给自由女神像翻新扔下的废料，向社会广泛招标。但好几个月过去了，没人应标。正在法国旅行的他听说后，立即飞往纽约，看过自由女神像下堆积如山的铜块、螺丝和木料后，他未提任何条件，当即就签了字。

纽约许多运输公司对他的这一愚蠢举动暗自发笑。因为在纽约州，垃圾处理有严格规定，弄不好会受到环保组织的起诉。就在一些人要看这个犹太人的笑话时，他开始组织工人对废料进行分类。他让人把废铜溶化，铸成小自由女神像；把木头等加工成底座；废铅、废铝做成纽约广场的钥匙。最后，他甚至把从自由女神像身上扫下的灰尘都包装起来，出售给花店。不到三个月的时间，他让这堆废料变成了550万美元，每磅铜的价格整整翻了一万倍。

这位犹太人以长远的眼光、智慧的头脑，一生受益无穷。其境界、谋略非小聪明可以比拟。

人生最忌讳的是耍小聪明，真正的智慧是看到远方。真正的大智慧需要胸有全局、目标高远，斤斤计较、耍小聪明却显示出一个人的心胸浅薄。胸有全局是指能分清轻重缓急，科学规划、科学设计。目标高远是瞻前顾后、虑及未来，以高度的责任感和使命感对待自己的选择。显然，耍小聪明的短期行为、急功近利与此格格不入。张昊的求职经历就给他上了很好的一堂课。

张昊到一家外资公司应聘总经理助理职位。经过种种测验，他与另一位对手从几十名应聘者中胜出，准备接受总经理的最后面试。出乎意料的是总经理没有提出任何问题，便带领他俩去附近一家公司谈判签单。走出公司大门后，因为距离要去的公司仅有一站地路程，总经理提议乘坐公共汽车前往，并递给他们每人五角钱，叮嘱每人自己买自己的车票。当时的车票票价是四角，因缺少零钱，乘务员们几乎都已养成收取五角不找零钱的习惯，张昊交出五角后，心想，为一角钱开口显得太小气，丢面子，便没有向乘务员索要应找回的一角钱。可是他的竞争对手却没有默认，而是认真地开口向乘务员要求找零。乘务员轻蔑地看着张昊的对手，好一会儿才冷冷地递出一角钱，对手一脸泰然地接了过来。张昊看罢，心里还有一点幸灾乐祸，想到对手的财迷和小气表现，老总一定不会满意的。

没想到，到站下车后，总经理却对竞争对手说："你被聘用了。"张昊立即怔住了。总经理说："你们俩的材料我都仔细看过了，能力不分伯仲，才智不分上下，不过，在刚才买票的问题上我看到了你们的差异。一个人只有懂得坚持自己的权益，才能够维护公司的利益，而一个连自身利益都不能坚持的人，又如何能够维护公司的权益呢？"

张昊败在了自己的小聪明上。因面子等因素不坚持权益，总有一天，它会演变为不坚持原则，这对工作之弊显而易见。小聪明易被聪明误，小聪明得小利，大智慧得大益。有大智慧，才有大美丽、大人生。善用大智慧的人，前途才会充满光明。

一个满怀失望情绪的年轻人千里迢迢来到了法华寺，对住持释园说："我一心一意要学丹青，但至今没有找到一个能令我佩服的老师。"

释园笑笑，问："你走南闯北十几年，真的没有遇到一位好老师？"年轻人深深叹了口气说："许多人都是徒有虚名，我见过他们的画，有的画技还不如我呢！"释园听了，淡淡一笑说："老僧虽然不擅长丹青，但也颇爱收集一些名家精品。既然施主的画技不比那些名家逊色，就烦请施主为老僧留下一幅墨宝吧。"说着，便吩咐一个小和尚拿来笔墨纸砚。

释园说："老僧最大的嗜好，就是爱品茗饮茶。施主可否为我画一个茶杯和一个茶壶？"年轻人听了，说："这还不容易？"于是调了一砚浓墨，铺开宣纸，寥寥数笔，就画出一个倾斜的水壶和一个造型典雅的茶杯。那水壶的壶嘴正徐徐吐出一脉茶水来，注入那茶杯中去。年轻人问释园："这幅画您满意吗？"

释园微微一笑，摇了摇头，说："你画得确实不错，只是把茶壶和茶杯放错了位置。应该是茶杯在上，茶壶在下呀。"年轻人听了，笑道："大师，为何如此糊涂，哪有茶杯反在茶壶之上的道理？"

释园听了，又微微一笑："原来你懂得这个道理啊！你渴望自己的杯子里能注入那些丹青高手的茶，但你总把自己的杯子放得比那些茶壶还要高，茶怎么能注入你的杯子里呢？只有把自己放低，才能吸纳别人的智慧和经验。"

年轻人思忖良久，终于恍然大悟。

人们之所以会为自己的一时聪明而沾沾自喜，扬扬得意，甚至念念不忘，就是将自己的杯子放得太高，而真正的大智慧必须要放低身段才能得到。聪明反被聪明误，如果不能怀有大智慧，那么，自己这个杯子，将难以盛入甘甜。

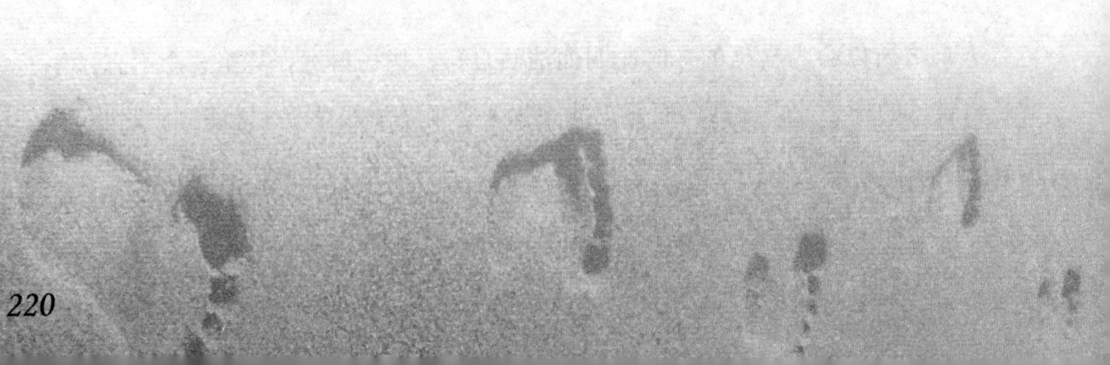

寻觅就能找到，很简单

人生当中我们常常是勇往直前，而不能选择左顾右盼，从而少了许多欣赏的机会。我们将自己沉入手机中、电脑里，用各种娱乐取代枯燥无味的工作，其实，幸福就在不远的地方，有信念的人就会寻觅到。

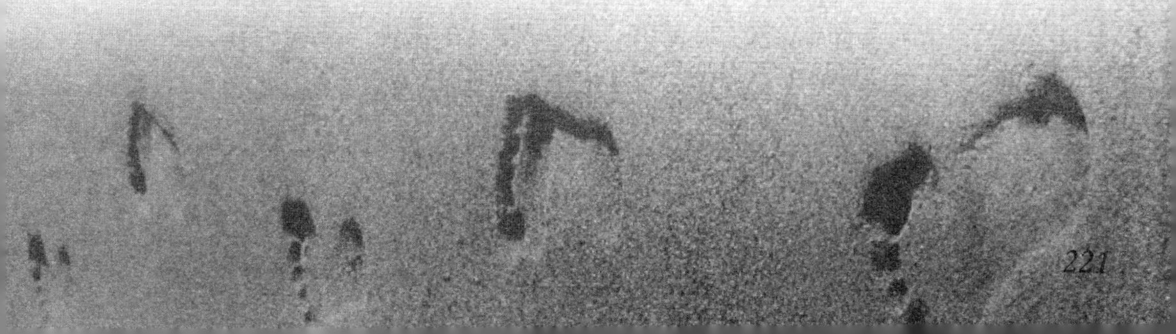

慢慢走，别忘记欣赏

景色优美的阿尔卑斯山脚下的一条风光无比秀丽的大道上，挂着这样一句标语，写着：“慢慢走，请注意欣赏！”

走得太快，我们就会错过路上的风景；走得太急，我们就会错过幸福的到来。

现代人看起来就像一个个滚动的车轮。许多人要在这忙碌的世界上生存下去，就要手脚不停，好像在阿尔卑斯山上旅行的游人，乘着汽车匆匆忙忙地经过。因为没有时间回回头，或者停一停步子，欣赏一下风景，结果，使这原本丰富美丽的世界，在我们眼中空无所有，只剩下了匆忙和紧张，忙碌和忧愁。

我们太忙了！时间永远都不够用，许下的诺言都是空头支票，没法兑现。我们总对着爱人说：“我没有时间，等有时间了我会带你去哪儿去哪儿……”我们总对着父母说：“我现在还不够富有，等我赚到钱了就会孝敬您……”我们总对朋友说：“我现在太忙，等做完下个工程我们再聚聚……”每个人都在匆匆忙忙地赶路，每个人都在用现在的幸福换取未知的等待。只是岁月匆匆，直到最后才发现，幸福早已被我们匆匆的脚步踏在鞋底、踩入地下。失去的风景变成了永久的遗憾。

大学毕业后，冯坤和一位大学同学意外相遇，这个同学看起来憔悴了很多，毫无精神，很不开心的样子，丝毫没有了当年意气风发的模样。冯坤和他聊了聊天，才知道他的太太刚去世不久。同学对冯坤说，自己太太的去世，不仅让他十分痛苦，还悔恨万分。原来是他在整理太太遗物的时候，发现了太太的日记本，在本子的首页上写着“我对幸福最大的憧憬，就是有一天和我爱的人去布拉格！”这是自己当初求婚时给太太的承诺——到布拉格去体验一次浪漫的旅行。只不过，由于同学老是忙着工作，旅行的计划从结婚第一年推到第二年，又推到第三年，就在第三年，太太在一次意外中永远地离开了他。这个承诺再也无法实现，太太想要的幸福自己再也无法给予。讲到这里，他哽咽住了，冯坤也沉默不语，实在不知道如何安慰这个同学。好一会儿后，同学对冯坤说："我现在再也不想让日子过得匆匆忙忙了，再也不要把幸福留到以后去享用，不然，错过了，也就不再有机会了！"

"我们老得太快，却聪明得太迟。"这句格言太经典了，幸福明明已经来临，我们还在匆忙中低头前行，让幸福迷失了方向。生活中有些人已经刹不住闸了，他们就像开足马力的战车，只想着工作、挣钱、投资、再挣钱……对于这种掉进名利坑里的人，就算获取了再多的金钱与名利，他们仍不会感到快乐，更不会感受到亲情、友情、爱情带来的幸福和快乐。这样的获得，是残缺的。

关于幸福，范伟在《求求你表扬我》中的一段话，也可谓是经典，"我饿了，你手里有一个肉包子，你就比我幸福；我冷了，你披一件厚皮袄，你就比我幸福；上茅房，就一个坑儿，你蹲那儿了，你就比我幸福……"这段话浅显地把幸福说了个明白。其实，这种幸福，朴实、简单，我们身边不计其数，但要看有没有眼光，会不会欣赏。也许，正是看似太平常，我们都没把它当做幸福，而是忙碌地追寻着别人眼里的幸福。

外人眼中，王红是幸福的。因为她不但有温馨的家庭、蒸蒸日上的事业，而且自己是个女强人，这样的日子还有什么好挑剔的？可是，王红还是感觉自己的生活不够圆满。

一次，在车上等红绿灯的时候，王红看到街边有个拾荒的老大娘，正在捡起地上的矿泉水瓶，把瓶子在衣襟上蹭了蹭，一脸的满足与笑意。说不好那份笑意是怎样的惬意和幸福，也说不好那份满足是怎样的充实和忘我。那一刻，让王红十分嫉妒，她为老太太拾到塑料瓶子后会心的笑容和那份简单的心灵而感到震撼。

她在心里问自己：我的幸福哪儿去了呢？难道我要的生活真的就

是这样吗?

高处不胜寒！只有她自己知道，身为公司的高层，容不得她在工作上出现半点差错，时时紧绷着神经，紧张、繁忙，弄得身心疲惫不堪，甚至连要孩子的心情和时间都没有，为此，老公都不知道埋怨过多少回了。

在老太太的笑容传递到她心灵的那一刻，她回忆起了自己最初的梦想：在一家充满微笑和芳香的花店里，她修修剪剪，不停地忙碌着，来买花和聊天的人络绎不绝，而她的老公和孩子会在花店打烊时来接她，一同踩着昏黄的路灯回家……

这似乎才是自己内心真正想要的生活。一想到这些，王红心中的幸福感冉冉升起。

不要以为幸福会一直在原地等待，等准备好了，等过了冬，又过了夏，当你再回头，幸福的花朵已经枯萎凋谢。

假如工作的目的是为了挣钱，挣钱的目的是为了投资，投资的目的是为了挣到更多的钱，我们就会在“爬山”的路上只顾低头，完全忘记出游的目的。所以，在“爬山”的途中，别忘记停下来欣赏周围美丽的风景。

既然有机会来到这多彩多姿的世界里，就应该像一个旅行家，不仅要跋山涉水，走完我们的旅程，更要懂得欣赏、流连。想走的时候就走，想停的时候就停，随心所欲地去发现生活中的乐趣和值得珍惜的幸福。

有一位考古学家，千里迢迢去找寻古印度文明的遗迹。他雇了一些当地人作为向导及挑夫，一行人浩浩荡荡地朝着丛林的深处进发。到了第三天，当地人却都停下来不再行动。原来，当地人自古以来便流传着一个神秘的习俗：在赶路时，皆会竭尽所能地拼命向前冲，但每走上两天，便需要休息一天！世世代代，从不例外。

考古学家十分不解地问部落首领：“为什么你们要坚持走两

天歇一天呢？”

年迈的部落首领耐心地解释说：“我们的脚步走得太快，而我们的灵魂走得太慢，走两天歇一天，就是为了等我们的灵魂赶上来！”

走的时候，是为了体现生命的价值；停的时候，是为了享受人生！人不应该只顾匆匆赶路，这样，幸福就无法和我们预约未来。

谎言，只让幸福更陌生

为了能得到短暂的满足，获得一时的幸福，许多人选择了谎言和欺骗。大人们常常教育小孩子，要诚实做人，不要撒谎。当大人们撒谎被孩子看穿时，又对孩子说，自己的行为是可以谅解的，因为这些都是善意的谎言。孩子长大后，又开始这样教育自己的孩子。于是，一代又一代人为了生活能更加幸福，又多出了许多谎言。善意的谎言能为别人带来真正的幸福吗？这种看起来“投资少，见效快”的方式真的可行吗？

某一天，上帝以及天使们在天堂里召开了一个特别的会议。上帝说：“我要惩罚人类，让他们在付出诸多努力、费尽周折之后才能找到幸福快乐。我们把幸福快乐藏好，连它们的影子也藏起来，可是藏在什么地方比较好呢？”

其中的一个天使说：“我觉得应该把它藏在高山上，这样一来，人类肯定就不容易发现了，一定要让他们付出很大的努力。”

上帝听了后摇摇头。

又有一位天使说：“那就把它藏在大海深处吧，人们一定发现不了。”

上帝听了还是摇摇头。

这时，又有一位天使发言了：“依我看呀，还是把幸福快乐的影子藏在人类的谎言中比较好。因为人们总是自欺欺人，习惯了对自己和别人撒谎，他们以为寻找到了自己的幸福快乐，而从来没有人会想到这些谎言会让他们加倍痛苦，最后得到的不过只是影子。”

上帝对这个答案非常满意。于是，他将幸福快乐的影子藏在谎言的背后，把真正的幸福和快乐藏在了真实的后面。

于是，当人们兴致勃勃地奔向谎言之后，得到的只有一场空。或许有些谎言只是无心的，但是，依然让人们远离了幸福。

一件事情困扰了刘辉很多年。记得他刚来北京的时候，找不到合适的工作，先找了一家餐厅打工。由于他干活很卖力，又好学上进，得到了餐厅老板的赏识。

没想到，工作不到两个月，倒霉的事情发生了。餐厅要被拆迁，眼看自己又要开始四处奔波找新工作了。

这时，老板出于对他的赏识，又了解到他曾经学过会计，就想介绍他到一个好朋友的公司去工作。

一天，老板带他去面试，老板的朋友问他会不会电脑，他下意识地点了点头，心想电脑没什么难的，只要给他一个机会，有点时间自己就能学会了。没想到老板的朋友当下就让他在电脑上做个图表。他只好硬着头皮坐到电脑前，笨拙地握着鼠标，不知按哪里才好。

他只好一脸尴尬地说：“我可以学。”

这时，旁边一个年纪比较大的人发火了：“年轻人，不会就是不会，蒙谁啊？这么不诚实，这不是到处给别人丢人吗……”

刘辉羞愧极了，当时只有一个想法，就是赶快找个老鼠洞钻进去。

老板先走了，老板的朋友为了给刘辉留点儿面子，为他解围说：“没关系！等你学会电脑再来吧！现在都用电脑做账了。”

他回到餐厅，向老板道了个歉，然后就真的去学电脑了。后来老板全家移民到了英国，再也没有见过刘辉。

很多年过去了，在事业上，刘辉已小有成就，但他一直在为当年那一句谎言而感到懊恼。无心的谎言让自己的人生轨道发生了改变，丢了唾手可得的工作，不过，还好刘辉最后真的去学了电脑，又找到了属于自己的位置。

有的人相信谎言能创造神奇，带来一时的快乐已经足够了。可是，如果事情真的无法挽回，再多的谎言也没有用，又何必自欺欺人呢？真实反而能激发人更加珍惜幸福。

乔治在一家汽车公司上班。很不幸的是，一次机器故障中，他的右眼被意外击伤，抢救后还是没有保住，医生摘除了他的右眼球。乔治原本是一个十分乐观的人，现在却成了一个沉默寡言的人。他害怕上街，因为觉得总是有那么多人看他的眼睛。

他的休假一次次被延长，妻子露丝为了负担起家庭的所有开支，在晚上又做了一个兼职。她很在乎这个家，她爱着自己的丈夫，想让全家过得和以前一样。露丝认为丈夫心中的阴影总会消除的，只是时间问题。

但糟糕的是，乔治的另一只眼睛的视力也受到了影响。在一个阳光灿烂的早晨，乔治问妻子谁在院子里踢球时，露丝惊讶地看着丈夫和正在踢球的儿子。以前，儿子即使跑到更远的地方，他也能看到。露丝什么也没有说，只是走近丈夫，轻轻地抱住他的头。

乔治说："亲爱的，我知道以后会发生什么，我已经意识到了。"露丝的泪就流下来了。

其实，露丝早就知道这种后果，只是她怕丈夫受不了打击而要求医生不要告诉他。乔治知道自己要失明后，反而镇静多了，连露丝也感到奇怪。

露丝知道乔治能见到光明的日子已经不多了，她想为丈夫留下点什么。她每天把自己和儿子打扮得漂漂亮亮，还经常去美容院。在乔治面前，她不论心里多么悲伤，总是努力微笑。

几个月后，乔治说：“露丝，我发现你新买的套裙那么旧了！”

露丝说：“是吗？”她躲到一个他看不到的角落，低声哭了。她那件套裙的颜色在太阳底下分明绚丽夺目。她想，还能为丈夫留下什么呢？

第二天，家里来了一个油漆匠，露丝想把家具和墙壁粉刷一遍，让乔治的心中永远有一个新家。油漆匠工作很认真，一边干活还一边吹着口哨。干了一个星期，所有的家具和墙壁都刷好了，他也知道了乔治的情况。油漆匠对乔治说：“对不起，我干得很慢。”乔治说：“你天天那么开心，我也为此感到高兴。”算工钱的时候，油漆匠少算了100元。乔治对油漆匠说：“你少算了工钱。”油漆匠说：“我已经多拿了，一个等待失明的人还那么平静，你告诉了我什么叫勇气。”但乔治坚持要多给油漆匠100元，乔治说：“我知道了，原来残疾人也可以自食其力，生活得很快乐。”原来油漆匠只有一只手。

也许有人会说：“乔治要变成盲人，是没有办法的事情，所以露丝没有办法对他说谎。要不然，他在失明前会更加快乐的。”即使露丝骗了乔治，可是他能突然接受失明的打击吗？从一个正常人，到一个双目失明的人，被谎言欺骗的乔治会从天上掉到地上，摔得更痛，结果更惨。而直面残缺，反而让他发现了背后的快乐。

习惯了谎言，只能沉浸在自己为自己搭建的“幸福”里，别人走不进去，也不想走进那样一个虚假的世界里。其实，谎言，并没有让我们投入幸福的怀抱中，而是让幸福变得更加陌生。

手机电池板让你奇怪吗

看看我们的周围，谁还没有一部手机呢？从背着书包的小学生到老态龙钟的爷爷奶奶，都可以看到他们拿着手机，这并不是件新鲜事儿。

不论在哪儿，握着手机讲话，或者在发短信时专注地盯着小屏幕的情形随处可见，公交车上的手机铃声此起彼伏。回想一下，上一次在公共场合，有30分钟都没听到手机响，那是什么时候的事了？没办法，谁让现代人太忙了。

在想象不到的地方也逃脱不了手机的骚扰，它们那烦人的响声有如魔音，有时和流行歌曲的声音或者刺耳的汽车鸣笛声交织在一起，每次听到都有使人跳起来的冲动。没有什么事情或者地方可以免受它们无礼的干扰。公交车上、饭馆里、婚礼上……哪里都能听到手机的铃声。

突飞猛进的技术对于社会的进步肯定是有帮助的。我们的通信变得比过去更加容易、迅速和廉价了，这让我们的生活更加方便了。此外更重要的是，手机可以降低风险。过去人们总是担心孩子遇到危险，担心老人迷路走失，但自从有了手机，这些风险大大降低。

然而，伴随着这些好处，同时到来的也有潜在的弊端——技术无孔不入，即使在我们不需要它的地方它也大肆侵入。手机在使世界变得更加安全、方便的同时，也带走了一些交往的快乐，蚕食了我们的交际时间。人们在一起沟通的时间减少了，因为有什么事，直接用电话沟通就行了。伴随着友好的拜访而产生的亲切友好被发发文字短信取代了，这些短信24小时内的任何时间都可以收发，甚至还能发送即时图片、照片。神奇的手机让人们的交往越来越缥缈。

随着技术、电子邮件和各种交流手段的进步，我们的生活变成了一个巨大的链接，在这个链接上，开关总是处于“开着”的状态。我们当中的许多人正在被数字的繁乱所埋没，而自己还没有察觉。手机的种种好处让人沉沦，甚至有些无法自拔。

在一个倒霉的下午，风雨交加的纽约市，汤姆刚刚和一个做编辑的朋友吃完午饭，准备返回自己的住处。当他们到达汤姆住的公寓时，汤姆一边打电话，一边付钱给出租司机，然后跳下车，乘电梯直奔自己的住处。等他站到房间里时，才感到一阵惊慌，自己的黑莓手机居然不翼而飞，自己最后使用它的地方就是在出租车上。现在那辆出租车正在曼哈顿的街道上飞奔，乘客有上有下，那可怜的黑莓手机也在车上——如果它还没有被踢出后门或者在座位底下被踩扁的话。

接下来的三个小时，汤姆时刻处于恐慌之中。他不断地想着：“我丢失了多少电子邮件？如果有人给我打电话并进入我的语音信箱会怎么样？更糟的是，如果有人捡到我的黑莓手机，正在检视我的生活——我的电子邮件、通信录和我访问最多的网站，那又会怎么样？”这些想法占据了他的大脑，让他更加焦虑，难以恢复平静。汤姆给出租车与轿车委员会打电话查询他们的失物招领系统，下楼去问门房那个出租司机是否发现了自己的黑莓手机并把它送回来。他在街上走来走去，怀着一种不现实的希望，认为会突然奇迹般地看到那辆出租车，然后恢复他与世界的联系。

结果一无所获。他必须接受这个结果——自己的黑莓手机丢了。

接下来的几天，汤姆的感觉就像有个人用大炮把他的生活炸开了一个大洞。在同一时刻他和人们失去了联系，被孤立，受到了侵犯。汤姆完全瘫痪了，如果不“连接上”的话，恐怕一分钟也熬不下去。他在最近的一家商店选购了一部新的黑莓手机。当他走出那家商店大门的时候，生活又如期而至。

汤姆的妻子不用黑莓手机，并以此为骄傲。她告诉汤姆一个糟糕的事实：汤姆对手机上网上瘾了，他的生活也被这种任何时候都要上网的迷恋淹没了。他度假、进餐厅都带着黑莓手机，看牙医时把它放在膝盖上，洗澡时把它放在卫生间里，晚上睡觉时也珍爱地把它放在床头。汤姆像瘾君子一样，所以时刻都要紧紧地抓住它。

汤姆的妻子代表着绝大部分对自己配偶有抱怨的人，因为他们的配偶被引诱着对数码产品上瘾而忽视，甚至遗忘了他们。几个月之后，在听了一个朋友的丈夫对她迷恋掌上电脑类似的抱怨之后，汤姆才意识到自己的生活被手机弄得多么的繁乱。是的，在韦尔滑雪的时候，汤姆坐在升降椅上升向山顶时也能检查电子邮件，这当然是不错的，不过这真的有必要吗？短信就那么急迫，以至于不能等几个小时在回到住处之后再检查同世界其他地方的联系？更重要的是，在黑莓手机、手机或电子邮件出现之前，人类是怎么生活的呢？

依照一个同事的提议，汤姆决定享受一个“安静的假期”，这让他的妻子感到格外高兴。方法很简单，只需要把掌上电脑和手机关闭一段时间。开始时汤姆一次关闭一小时。尽管手在颤抖，脑海里计算着每一分钟的流逝，但是汤姆挺过了60分钟。当重新联网之后，令人惊讶，真是令人惊讶：世界并没有毁灭。汤姆变得大胆起来，把关机时间延长到一次两小时，然后发展到周末半天都不用黑莓手机或电子邮件的地步。他感觉解放了，好像被偷走的自由又悄悄溜回到生活中。汤姆能够做到很长时间不发短信和电子邮件，而是和朋友或所爱的人一起度过美好的时光，大家都感觉非常美妙。他甚至感觉思维比之前更加清晰了。

许多人都和汤姆一样，不敢想象自己突然没有了手机，生活会变成什么样子？

大多数现代人都保持着繁忙的节奏，被手机的铃声、振动和短信闪烁的灯光所包围，没有勇气卸下手机的电池，让自己有片刻的安宁，除非手机没电了，然后便急急忙忙开始寻找充电器。如果能远离这些，静静地度过一些时间，对我们的灵魂是有好处的。不幸的是，我们当中的许多人对于数字玩意儿是如此的上瘾，以至于在坐下来吃饭或者看一场演出的时候也不会将它们关掉。我们可能会把它们设置成振动状态以避免打扰别人，但是却不会将它们关掉，因为我们害怕会错失什么消息。不管我们愿不愿意承认，即便是在静音的状态下，我们也仍然在想，下一个电话什么时候会到来，谁可能在另一端，这些都使我们从当前的活动中分心。

解决这个问题的办法是什么呢？那就是一块没电的电池。关掉这些讨厌的装置，如果我们不能让自己做到，一块没电的电池就能够替我们做到。想象一下，坐下来吃完一顿正餐，席间一直快乐地畅谈而不受到一点打扰，这有多好；想象一下，坐在海滩上读书，清风吹掉身上的水珠，只有海浪的声音，刺耳的手机铃声完全消失，这又有多好。这是一个革命性的观念——幸福快乐可以是独自一人或者和所爱的人享受的一小段安静的时光，这时耳朵里唯一的响声是自己的思想或者美妙的谈话。

想幸福吗？那就去试着喜欢

在现实生活中，有不少人并不喜欢自己的工作，甚至因为日积月累的不满而怨恨起自己的工作，可是为了生计又需要它，或是安于现状懒得选择新的工作，这时候他们的工作态度就是一个字——混。当我们处在这样的状态时，就会把工作当做一种苦差事，无法将精力完全投入其中；如果对自己的工作感到枯燥无味，就很难去享受工作中的乐趣，更别说有创造和提高了。

工作是为了生活，还是生活是为了工作？现代人都为这个问题所困。在工作中，我们是否感到越来越压抑，幸福感渐渐远离？如果想要幸福，我们就一定要让自己去喜欢工作，做喜欢的事情。

芳芳是一家公司的职员，每天下班回家总显得疲惫不堪。她慈祥的母亲做好了晚餐，叫她吃饭，她总是说："我实在是太累了，感觉头疼、腰疼，浑身不舒服，没有食欲，唯一想做的就是上床休息。"母亲心疼芳芳，有时就把饭菜端到床边，要她多少还是吃点。

如果没人来电话找芳芳出去玩，她就会早早睡觉，电视也懒得看一眼；如果有朋友打电话来，约她出门，芳芳就像变了一个人，兴奋地冲上楼，穿上漂亮的衣服，飞一般地冲出门去，一直玩到凌晨才回家。她不但没有感到疲倦，反而是兴奋得睡不着觉。

芳芳产生的两种截然不同的表现，让母亲感到疑惑，难道说之前她的疲倦是装出来的？不，这一切都是真实的。疲倦是真实的，兴奋也是真实的。究竟是什么原因让芳芳有这样的表现呢？由于芳芳对白天的工作不感兴趣，是不得已而为之，产生了厌倦感，所以她才会总感到非常疲倦。然而，对于朋友的相约，芳芳则兴趣十足，所以她才会显得异常兴奋。

因此，做一件自己不喜欢的工作，认为工作没有意思、缺乏吸引力，甚至在工作中找不到一丝乐趣、成就和满足感，这样的工作很容易导致人在情绪上和身体上产生疲倦感，也就是我们说的疲劳，久而久之，幸福感大大降低。许多人为了平衡，下班后就疯狂地找地方消遣娱乐，以为这样能重拾幸福，殊不知，不恰当的娱乐方式不仅不会让自己幸福，还有可能给自己的身体增加负担。

所以，选择职业也要看看是否适合自己发展，是否对自己的口味。职业生涯是一个人最长时间的生存方式，如果一个人热爱自己的工作，他能享受工作带给他的激情和活力，工作就很容易进行。如果他对自己的工作反感或厌恶，就很悲哀了。如果是迫不得已而做的工作，首先不要说会不会成功，它很有可能导致我们产生心理或生理的疾病。如果认为自己的工作是乏味的，是一种苦役，就会产生抵触的心理，这终究会导致失败。当每天的工作变成了一种负担、一种逃避、一种苦役，人生还有什么意义呢？

良好的工作状态能给我们带来幸福感。充实快乐的工作，有益身体和心理的健康，可以驱赶人们的空虚，能够让暗淡无光的生活熠熠生辉，让人活出快乐；工作能够改造世界，给人尊严和成就感，从而体现出自我价值；工作带给我们生存的保障，是未来幸福生活的源泉。只有当工作合乎个人兴趣，我们喜欢并热爱自己的工作时，才能投入最多的热情与干劲，工作才能给予我们最大的恩惠，我们才能获取最大的成功。

如果工作不适合我们，就像买了件不合身的夹克一样。当然，可以不系衣扣，这样会舒服点；或拉一拉袖子，把袖子弄得长一点；或是稍微驼背，这样看起来会显得前襟长一点。但不管怎么做，都不会使这件夹克变得合身舒服。唯一的办法是到服装店再去挑选一件合身的。要清楚地知道，我们是在为了幸福的生活而工作，而不要让工作致使生活变得不幸。

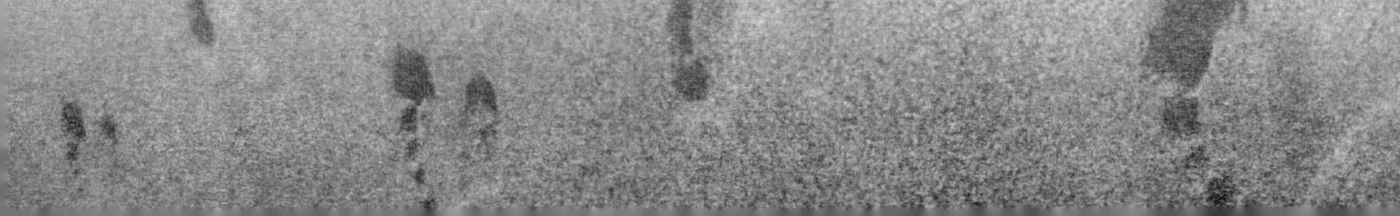

小佳是石油公司的速记员，每个月总有很多天要处理一些乏味无聊、令人厌烦的东西，比如填写租约的表格或整理一下统计的资料。这些工作简直无聊透顶，离她当初的梦想很远很远，但小佳为了自己的父母，不得已要在这里继续做下去。她每天面对工作时都表现得很烦躁，许多次都恨不得将资料撕烂，不再理会这些鬼东西。她内心明明在翻江倒海地诅咒这份工作，外表却还要装做平静，忍受一天的折磨。只有晚上回到家时，她才得以卸下紧绷着的神经，对着镜子好好哭一场。

陷入工作的旋涡，变成一台毫无乐趣的工作机器，并且出现极不耐烦、夜夜哭泣的状态，为何还要硬撑着呢？何苦呢？何不理清思绪，找到自己喜欢做的事情，然后投入热情快乐，积极地去做好呢？

事实上，这个世界上有许许多多需要我们来做的工作，我们的能力也足以胜任许许多多的工作，为何不给自己多一点选择呢？这个问题看似有些被动，但追根求源，却又源于我们自身。

我们面临的难题也许还有：不知道自己到底想干什么。在学生时代，老师和家长教给我们一些梦想，如成为科学家、政治家、企业家，等等，而且他们确实在将我们当名家培养。记住了这些梦想，已经分不清它是别人寄存在我们头脑中的想法，还是内心的真正渴望。所以，在选择职业时，我们首先要做的事情是叩问心灵，弄清自己真正的兴趣所在。

有专家指出，大多数人从不会花时间和精力坐下来想一想自己是谁，什么样的工作能令自己感到快乐，自己适合哪种类型的工作。这世界上有许多人轻率地选择职业，然后痛恨自己选择的职业。

或者，我们在一开始无法自由地选择自己所爱的职业，而只能被迫地接受一些自己并不喜欢的工作。在这种情况下，不要以敷衍的态度去应付了事，而要学会去爱自己所做的，有句话不是说“感情是可以培养的”嘛！和情人能培养感情，和工作同样也可以。因为人是一种习惯性动物，时间长了，慢慢就会适应，在适应当中事物就会变得可爱起来。要想办法去热爱自己的工作，这才是寻求长久幸福的好方法。

对于不喜欢自己工作而又暂时改变不了现状的人，可以采用“自我竞争法”，“假装”喜欢自己的工作。自我竞争，和自己比较，想办法比原来干得更好，久而久之，就能从中体会到工作的乐趣。当我们全身心地投入到一项工作中去时，距离优秀也就不远了。

小惠也是一名速记员，她每天做着枯燥乏味的记录工作。一天，她的部门经理要求她把一封很长的信重打一遍，小惠当然极不情愿，她告诉经理，重打这封信是在浪费时间，因为只需要改几个错别字就可以了。然而那个经理也很固执，非要坚持自己的做法，并表示如果小惠不这么做，就会让别人来取代她的位置。小惠没有办法，只好照做，并且意识到如果不好好做，就会被淘汰。她想出了个好办法，决定试着喜欢这份工作，并从中找出乐趣来。她学会了和自己竞争，今天比昨天做得多一点，下午比上午做得快一点。

开始的时候，小惠清楚这只是在和自己玩一个“假装”游戏，不久，她发现自己真的有点喜欢这份工作了。同时，她还发现采用“自我竞争法”后，工作效率有了很大的提高，并有额外的时间多做些别的事情，工作的效率和成果也变得更令人满意，后来她被晋升为总经理秘书。

只要你打心眼儿里将自己的工作看成是一种享受，看成是一个获得成功的机会，那么，工作上的厌恶和痛苦的情绪就会消失。不懂得这个秘诀，就无法在工作中收获到幸福。如果想要幸福，那么，就试着去喜欢。

经验告诉我们，工作是心灵的修复剂，可以让生理和心理得到修补。同样，工作也是对付愤懑、忧郁、情绪低落、懒散的最好武器。有谁见过一个精力旺盛、生活充实的人会苦恼不堪、可怜巴巴呢？当我们的精神专注于一点，心灵被喜欢的工作填满时，其他不良情绪就不会侵入进来干扰我们，工作的幸福指数也大大地提升。

用每件小事搭建幸福的大厦

幸福的大厦不是一下子就能搭建起来的，每件小事都是其中的砖瓦。我们只有把身边的每件小事都踏踏实实做好，成功感才会越来越好；只有做好每件小事，才会会聚成幸福。

欲望让很多人变得浮躁不堪，变得对小事不屑一顾，只想着做大事，一举成功，名利双收！这对很多人来说自然是不切实际的。

就像水温升到99℃的时候，还不是开水，其价值是有限的，若能再添一把火，在99℃的基础上再升高1℃，那么水就会沸腾，能产生大量水蒸气来开动机器，从而获得巨大的经济效益。同样，100件事情，如果99件事情做好了，一件事情未做好，而这一件事就有可能对某一单位、某一宿舍、某个人就是100%的影响。因此，人们常常说“细节决定成败”。对大多数人来说，就是细节决定幸福。只要我们能够做好身边的每一件小事，即使在别人看来微不足道，但是，这都是一种成功，是一种微小的幸福。

在军队中流传着这样一句名言：战场上无小事。而“战场上无小事”同样适用于企业，适用于企业中的每一位员工，因为，在工作中也没有小事。

一个人如果连区区的小事都做不好，工作粗枝大叶，就难以成就一番大事业。况且芸芸众生，能做大事的机会实在少而又少，多数人的多数情况是做一些具体小事、琐碎的事、单调的事。也许过于平淡，也许是像鸡毛蒜皮一般的小事，但这就是工作，这就是成就大事的不可缺少的基础。

在生活中，没有任何一件事情，小到可以被抛弃；没有任何一个细节，细到应该被忽略。同样是做小事，不同的人会在工作中有不同的体会和成就。不屑于做小事的人做起事来十分消极，不过是在工作中混时间；而积极的人则会安心工作，把做小事作为锻炼自己、深入了解单位情况、加强业务知识、熟悉工作内容的机会，利用小事从多方面体会，增强自己的判断能力和思考能力。

大事是由众多的小事积累而成的，忽略了小事就难成大事。从小事开始，逐渐锻炼意志，增长智慧，日后才能做大事，而眼高手低的人，是永远干不成大事的。通过小事，可以折射出我们的综合素质，以及区别于他人的特点。

从小事中见精神，得认可，“以小见大”，赢得信任了，我们才能得到干大事的机会。

事实上，我们工作中出现的问题，的确只是一些细节、小事上做的不完全到位，而恰恰是这些细节的不到位，又常常会造成较大影响。对很多事情来说，执行上的一点点差距，往往会导致结果上出现很大的差别。

一家地产公司请来一位外资公司的工程师为项目作策划，外资公司的工程师需要拍摄项目的全景，本来在楼上就可以拍到的，但他硬是徒步走了两千米爬到一座山上，连周围的景观都拍得很到位。当时地产公司的老总和员工都很不理解他为什么要这么做，工程师只回答了一句：“回去董事会成员会向我提问，我要把这整个项目的每一个细节情况告诉他们才算完成任务，不然就是工作没做到位。”

这位工程师的个人信条就是：“我要做的事情，不会让任何人操心。任何细节，都可能是决定整个项目成败的关键。”

因此，要想把事情做到最好，成功者心目中必须有一个很高的标准，不能是一般的标准。

有一家日用品销售公司，老板想要派员工去一位供货商那里作一些调查，探探底细。派出的第一位员工不到十分钟就作好了汇报，原来他没有亲自去调查，而是向下属打听了供货商的情况就作了汇报。老板又派出了一位员工，一个小时后他便回来向老板交差，他亲自到供货商那里了解了商品的数量、价格、品质，不过一路上匆匆忙忙，一个小时紧忙活。老板想了想，决定派第三个员工去，这个员工两个小时后才回来汇报，原来他不但亲自到供货商那里了解了具体的数量、价格、品质，而且还根据公司的采购需求，将供货商那里最有价值的商品作了详细记录，并且和供货商的销售经理取得了联系。在返回途中，他还去了另外两家供货商了解同类商品的相关信息，将三家供货商的情况作了详细的比较，制订出了日用品的最佳购买方案。

假如我们是领导的话，一定清楚哪一个做得更好，更应该得到提升，我们周围也有很多人会有这样的想法：对待工作差不多就行；对得起那点工资就够了；到点上班，准时下班；不主动做一些职责以外的事情。结果如何呢？只能是平庸。抱着不愿做的态度做事，结果也只能是无所作为。

一个人在工作中有没有把小事干好的精神，有没有坚持不懈的毅力，这对工作本身来讲有着本质的区别。这就像烧水，水烧到 99 度了，如果认为差不多了，不用再烧了，则结果是：对不起，我们永远喝不到烧开的水，也就是说我们永远不能得到更好的表现机会。

在生活中也是这样，大海不拒细流，方能成其大。细节决定了一个人的成败得失。

张佳是一个既单纯又乖巧的 80 后女孩。大学毕业后一连三份工作都是做经理助理，但是每次都工作两个月左右就被炒鱿鱼。

她开始对自己的未来担忧，心中一片迷茫，不知道自己接下来的路该怎么走。

她之所以接连被辞退，不是因为她工作不努力，也不是由于她违反了公司规定，而是因为她做事太没有条理，过于依赖上司的意见，对于工作没有自主性，导致什么事情都做不好。

几任经理对张佳的评价都是：为人很好，是一个热心肠的女孩，但是在工作能力上，急需提高。

工作的几个月，张佳常常闯祸不断，弄坏电脑、打印机是家常便饭，同事们都在背后称她“电脑杀手”。经理让她起草一份讲话稿，她会把每个细节都问得明明白白，需要写多少字，分几部分来写，甚至连字体的大小都要经理交代得清清楚楚。如果经理不能对她的工作作出详细、具体的要求，她就会弄得一塌糊涂，很难独立高效地完成自己的工作。张佳也觉得非常无奈。

其实，这与她的生活经历有关。张佳从小就是个乖乖女，她的父母望女成凤，许多小事都不让宝贝女儿伸手。她只要按父母的要求上好学、读好书、考好试，就会得到父母的夸奖和奖励。

上小学和中学时，张佳都很听老师话。因为只要听老师的话，她的成绩就会好，成绩好就会得到家长和老师的夸奖，这便是最大的幸福。

后来她如愿地考入大学，在大学里她一如既往地受到父母的宠爱、老师的肯定。直到毕业后开始工作，问题出现了。张佳在工作中接触的许多东西不仅在书本上看不到，让父母也束手无策。因为她缺乏独立思考和独立完成工作的能力，常需要依赖别人的意见行事，她以为按照经理的具体要求做事，事情就会变得简单而稳妥，就可以避免犯错和挨经理批评，没承想却接二连三地被炒鱿鱼。

幸福的人生不能一蹴而就，幸福的高楼不能一下子便平地而起。我们所做的每一件小事，都在搭建着幸福的大厦。稳固而圆满地完成，高楼大厦指日可待；而岌岌可危地搭建，幸福迟早会轰然倒塌。

幸福的爱情是一双拖鞋

幸福的爱情就像一双舒适而温暖的拖鞋，不似水晶鞋那般娇贵，经不起摔打；也不似高跟鞋那般危险，随时可能崴到脚。拖鞋随意而质朴，不庄重甚至有些散漫，但是，极为舒适、轻松。

不合脚的鞋子，也许美得让人羡慕，穿着让别人很是嫉妒，但受伤的终究是自己的脚，其中的痛也只有自己知道。当发现拖鞋的万般好处，还会舍弃它吗？

一位风度翩翩的大学教授，在上山下乡时娶了一个目不识丁的农村妇女为妻，在如今物欲横流的世界里，这很自然被一些人视为“软肋”和“笑柄”。如今，谁还讲究“糟糠之妻不可弃”，早就变成了“糟糠之妻必须弃”。

越来越多的议论，使教授在众人面前抬不起头来，对妻子也开始厌烦起来。某天晚上，他起草了一份厚厚的离婚协议书，讲了许多的大道理，准备和妻子来个好合好散。

结果，第二天早上起来晚了，他匆匆忙忙赶着上课，没来得及收拾书桌上的东西。妻子从外面买菜回来，习惯性地来到书房打扫卫生，家里的猫也溜进来跟着凑热闹，跳到书桌上，把离婚协议书碰落在水盆里，一下子就浸湿了。

这下妻子慌了，以为是丈夫昨晚熬夜的心血，肯定又是什么重要的文件，便小心地捞起来，一张张地揭开，用熨斗把稿子一一熨平。还没有完全做好，教授下课回来了，看见她那么用心地在熨烫一张张离婚协议书，像是在做一件神圣的事情。教授坐在那里，开始回想起妻子对自己种种的好。上山下乡时，妻子默默地为自己做了那么多，没有一点对不起自己的地方，想起这么多年来，自己对家务一窍不通，家里大大小小的事全靠妻子。娶到美娇妻很有面子，谁也不希望娶个黄脸婆。而现在，自己仅仅是为了面子上的好看，居然要和她离婚，真是糊涂啊！

的确，婚姻可以是美丽的、梦幻的，但真正的幸福是平淡的每一天。每个人都想经历一场轰轰烈烈的爱情，觉得那才是真正意义上的爱情，于是少男少女憧憬着，过来人回味着，当局者疯狂着，稍感遗憾地用其他方式作着补偿。

平平淡淡的爱情就是在她身边，她很幸福，若要出门去，她也不闹着不让你去或非跟着你去。

平平淡淡的爱情就是两个人各自保留一片自己的天空，谁也别想左右谁的方向。

平平淡淡的爱情就是情意两心知，而不把爱挂在嘴边。

平平淡淡的爱情就是静静地凝视。

平平淡淡的爱情就像一双舒适的拖鞋。

一日，陈雪在咖啡屋与一位朋友共进下午茶。

谈起婚姻生活时，风趣的朋友用了一个精彩绝伦的比喻："我的丈夫，就好比是我脚下的一双拖鞋。"

陈雪一听，刚喝了一口的咖啡差点喷了出来。"你怎么这么说你老公啊？他听到还不得生气？"

朋友笑了笑，说道："在青春焕发的年代里，选择终身伴侣，就好像是为自己选购鞋子。你到商店的鞋店架子上一看，哇噻！摆放了各种各样的鞋子，叫人眼花缭乱、目不暇接，更无从下手。实际上，有些鞋子，款式挺新颖，可是质量不怎么好，穿不住，没穿过几次，就坏了，这么娇贵又怎么能相守一生呢；有些鞋子，虽然很漂亮，质地也还不错，可是不舒服，穿了穿，脚又酸又疼，时间久了还能受得了？而有些鞋子，样子虽然差了点儿，但却经久耐用，而且最重要的是穿上后，感觉那叫一个舒服。

"遇到我丈夫时，我觉得他好像是摆在鞋店里一个不起眼地方的拖鞋，普普通通，拿在手上，感觉十分随意，天长日久，越穿越舒服。尽管外头鞋店的橱窗里摆着千百种款式的新鞋，可一点儿也吸引不了我，我总觉得这世上再也没有鞋子比得上我家里那双。

"不过，话说回来，这些年来，我可没因为它是拖鞋而随随便便对它，对于这双鞋子我也是爱护有加。它脏了，我为它去除泥垢，把它刷得干干净净；它湿了，我为它拭去水迹，让它恢复本来面貌。这双鞋子，我是准备穿一辈子的！”

这一番妙言妙语，充分揭示了婚姻的真谛。选一双合脚的鞋，才能走更远的路，在平淡中活出精彩。一双好的鞋子，还得碰上个真正爱鞋子的人，才能相得益彰。

一个傍晚，下着细雨，她与他在车上。同平常一样，他仍旧喜欢在开车时空出一只手来给她握着，不换挡，绝不放手。这是许久以来养成的习惯。

遇到红灯，车停在了街头，他望着前面的灯，忽然开口：“老婆，买份礼物给你好吗?”

忽闻此言,她竟有些诧异,不知他为什么如此说。她不解地望着他。这个一向粗心大意的男人平淡地说，明天便是他们结婚第七年。

她恍然大悟，时光如水，原来他们已经相伴了七年。她心里有些感动，嘴上却说道:“不得了，七年之痒哦。”

他熟练地开着车,说:“那好,我送你个痒痒挠,痒的时候自己挠挠。还有双拖鞋，每天你一到家，穿上它，就能想起我了。”

他握着她的那只手，似乎更用力了。只是被他一握，她便知日后无数个七年的温暖在等着他们。

车外风雨飘摇，那一刻，百般情绪涌上她的心头。她捏了捏丈夫的手，笑着问:“是不是有左手握右手的感觉了?”

这回他笑着说:“有。”如此肯定，她竟有些委屈。

“因为你是我的，你的手便是我的。”他的歪歪道理，对她总是有效的。车里放着忧郁的歌，那一刻她竟能听出快乐来。

周末的清晨平静如昔，他还在沉沉地睡着，她则在一旁，想着他的好。

她曾与人讨论,友人问她爱他吗。她答“爱”,又答“依赖多于爱”。

不知别人面对如此的问题如何作答，她想那一刻的回答必然是真实的。

初识他时自己年龄尚小，她似乎并不懂得如何是爱。如果爱是痛并快乐着，那爱着的那一个，便不是他。

可自认识他开始，她便被这个男人没有理由地宠着，任他打点自己的一切，任自己习惯他的一切。他说女人该让男人宠的。他说爱自己，就不该让自己吃苦。

这个看似事业重于一切的男人，他的坚强背后藏着怎样一颗柔软的心？她不知道，只是静静地接受他的关怀、呵护。

他最初的职业使她的心不太安稳，因为他更习惯漂泊在外的生活。常有朋友关心地问他：如此放心你的远出，不怕有一日她忽然离开？他总是自信地笑说，再不会有人能这般宠爱她。每一次闻此言，她心里有些愤愤，却明白这是真的。有一个如此宠自己的人，远方能有多远？

她的家人常常抱怨，说他不是称职的老公和父亲，因为他每日的晚归，因为他每周见一次女儿。

她虽然心存委屈，也急急地替他申辩，男人对社会地位总是比女人看得重些，在他那样的位置，似乎只能进而不能退。他需要以自己的社会地位来证明自己的存在，怎么可以把他强留在身边？

常常在傍晚，看别人一家携手散步，常常看男人陪自己女人逛街买衣服，她心里便生羡慕，无数委屈会随之即来。可是望着他拖着疲惫的身体回来，还有什么抱怨可以说出口？除了心疼还是心疼。不如给他煲一锅汤，在他晚归时端到面前；在门口放一双温暖舒适的拖鞋，让他在进入家门的那一刻，放下了满心的奔波和疲惫。

女儿因为见他很少，平日见了，竟有几分羞怯，常常拒绝他抱抱的要求。男人那时眼里除了疼爱，还多出委屈，这些只有她看得明白。这个粗心的男人，不会对女儿表达自己的关爱，便也一味地宠着，从不会说拒绝。而女儿在她那里得不到满足时，仍会一撅嘴说要告诉爸爸，他会买。原来女儿也懂得他的好。

他曾问她，自己不爱出游，甚至根本不愿远行，城市的舒适让他有些离不开，千山万水都比不上家里的温馨。走遍千山万水，让自己平静的却是穿了睡衣、穿着拖鞋，在沙发上慵懒地看着报纸。而爱出游的她，怎会选他。她总是笑说，因为需要互补。她心里知道是因为他让她安心。

她自认为不是一个好老婆，不太会收拾家务，不太会做针线，切菜常常伤到自己，虽然可以做出可口的饭菜，但因为不爱洗碗，所以便不在家开伙。她因为迷恋远行，常常给他买整整一冰箱的方便食品便独自回娘家；她因为敏感，所以有些情绪化，在外受了委屈，便毫不掩盖地冲他发泄，从不问他是否接受。

而他竟能包容她的一切。洗了衣服，他总是深夜回来晾，不让她动手，因为他说她晾得不好。买了水果，总是他细细地削好给她，因为怕她割伤手。有一次，他竟因为她不爱吃早餐，有时更忽略午餐，心疼得不知如何表达，便责备她。

这个粗心的男人，有些懒惰，不做家务，结婚七年她只吃过他做的几次蛋炒饭。他日日晚归，总留给她孤独的周末。也许她依赖多于爱他，也许只是习惯着他的习惯。但是有他如此，她已经非常满足了。

她想告诉他：执子之手，愿与子偕老。

“执子之手”，看似是一句平淡无奇的话语，其间却包含着那么大的勇气。漫漫长夜里，执子之手，走完那一段又一段的长路。坎坷的道路上，执子之手，度过一次又一次的难关。在所有的道路上携手走过，让整个世界都变得渺小。

真正的爱情淡如水，没有了酸甜苦辣；真正的爱情如一双拖鞋，追求的不是别人的目光和称赞，而是内心的自在和舒适。

幸福就在不远处

每个清晨能与相爱的人一起享受窗外的一米阳光是一种幸福，每个黄昏能和相爱的人一起牵手在林间的小路上，也是一种幸福。幸福是情深深雨蒙蒙，也是白头偕老，共度一生。

幸福就是如此，坐轿子的人是幸福的，抬轿子的人也未必不幸福。在这个世界上，每个人都在寻找着自己的位置，每个人都有自己的追求。有人喜欢烈火般的刺激，有人喜欢清水般的宁静，选择适合自己的生活，得到自己想要的生活，便是真正意义上的幸福。

生活中有太多的巧合和不期而遇，有了这些巧合，我们的生命才可能完美，才不会有那么多的遗憾。蓦然回首，幸福就在不远处。

她第一次遇见他，是一个仲夏的午后。他跟在搬家的队伍后面，怀里抱着一块大大的画板，一双眼睛乌溜溜地转。她正蜷在葡萄架下的旧藤椅上。葡萄藤上，一只蜗牛爬到中途，掉下来，重新慢吞吞地往上爬。一回头，她看见他歪头站在自己的背后，望着架子上紫盈盈地葡萄。他说："用我的水彩笔，换你的葡萄，可以吗？"

他们就这样开始了交换，他用他的雪糕换她的酸梅粉，她用《穆桂英》换他的小人书，她用她积攒的画片换他从四奶奶院子里偷来的月季花……两个人，一起守着一台老式的半导体，听评书连播，烦了就去树上捉蝉。他教她画画，她教他吹口琴，形影不离。

那年，她 9 岁，他 11 岁。

四年后，他的父亲因为工作有了调动，全家人要搬到遥远的北京。仍然是仲夏的午后，她帮他又拿画夹，又拿足球，一趟又一趟地跑，脸上满是细密的汗珠。她解下戴在脖子上的长命锁，偷偷放在了他的文具盒里。等到车子要开的时候，到处找不到她，他哭闹着不肯走。而她，躲在高高的梧桐树后面，看着他跑遍所有常去的地方找她。被爸爸强行拉上车的他大哭着，使劲儿挣扎……小小的心，碎成飘摇零落的秋。

北京，从此成了她心中的一个梦。他在信中给她讲天安门、故宫、万里长城、秋天落满银杏叶的街道以及香山的红叶。他说："我在一棵树上刻了你的名字，这就是你的树了。等你来北京的时候，我带你去看你的树。”

后来他的信开始断断续续，再后来，她去的信总是被退回来。信封上打着：查无此人。他们失去了联系。难道幸福因为相隔两地，便被阻断了吗?

15岁的时候，她长成一个沉默而内敛的姑娘，是班上最用功的学生。她的目标是：北大。三年后，当她的双脚终于站在未名湖畔的时候，他们之间的联系已经断了整整四年，可是她并没有灰心。他在信中提到的每一个地方，她都去过。秋天的时候，她在那条落满银杏叶的街道上走着，竟在一棵银杏树的一个小小的枝丫上，真的看到了自己的名字。她抱着那棵树，心如刀割。她只是找到了她的树，却把他弄丢了。也许，今生再无缘，回忆只能成为幸福的过往，走过了，却难再抓住。

毕业后她开始四处漂泊，有时候在天津，有时候在上海，有时候在深圳、广州。她有过几次恋情，都无疾而终。多年以后，她再次转回北京，成了一家报社的文字编辑，也发表了一些文章。她只用一个固定的名字，那是只有他才认得的名字。

27岁那年，她结婚了，丈夫比她大两岁，是报社的广告部主任，对她宠爱有加。婚后第三年，她生下一个可爱的女儿。从医院回家后，丈夫打开一个很旧的檀木匣子，从里面拿出一把长命锁，要为女儿戴上。她一惊，一把夺过去，反复地看，整个人都颤抖起来。她问：“你从哪儿弄的?”

丈夫莫名其妙地看着她，说：“可能是什么人送的吧，不记得了，我真的记不清楚了。”

她着急地追着他问：“到底什么人送给你的？怎么会记不清楚呢？你再好好想想。”

丈夫便笑：“你让我怎么想得起来啊，我17岁的时候不小心出过一次车祸，医生说是选择性失忆。好多从前的事情，一点都记不起来了……”

她呆住了，原来，任何的相遇，都不是偶然的事情。而他们，兜兜转转这么多年，不过是为了遇见对方，虽然，他已经失去了曾经的记忆。她紧紧地抱住他，生怕一不小心再丢了他。

泪水稀里哗啦，流了他一脸。他轻拍她的背，笑着问：“傻丫头，哭什么啊？”

用心寻找，幸福其实就在不远处。我们不放弃幸福，幸福也不会放弃我们。点点滴滴，都是幸福的沉淀。

琳琳睡觉有蹬被子的习惯，以前在外念书时，经常半夜冻醒，第二天容易引起感冒发烧。后来，找到另一半准备结婚时，他问琳琳有没有需要他做的特别事情，琳琳就笑着说：“在我蹬掉被子时给我盖好就行了。”后来，琳琳再也没有因为半夜蹬掉被子而感冒过，她知道，每天晚上老公都会半夜醒来习惯性地给她轻轻盖好被子。

幸福真是无处不在的小东西，就在半夜轻轻盖被子时它也会蹦出来，体会到了，我们就幸福了。

其实，大多数人一生中不见得会荣华富贵，即使有，物质的富有带来的只会是一时的满足，真正的幸福还是从生活的细节中来，从自己的心境中来。

生活本是丰富多彩的，日常生活的一点一滴都蕴藏着快乐和幸福。除了工作、学习、赚钱、求名，还有许许多多美好的东西值得我们去享受：温馨的家庭生活、蓝天白云、浩瀚的大海、雪山与草原，还有诗歌、沉思、友情、谈天、读书、体育活动、喜庆的节日，甚至工作和学习本身也可以成为幸福的享受。这许许多多、一幕一幕都值得我们细细品味，慢慢咀嚼。

生活中到处都充满着小小的幸福，它像一颗颗小小的玻璃珠子，只要我们用心去一粒粒地收集，很快就可以装满一篮子，填满我们的整个心灵，让我们觉得生命如此值得眷恋。可是，就有人感觉不到，他们时时睁着迷茫的眼睛，带着怀疑的态度看着世界，他们认为自己是不幸的，幸福光顾所有的人，除了自己以外。

有一个美丽的传说，世上有一种能带来幸福的青鸟，它有着世界上最美妙清脆的歌喉，只要人们得到它，就可以得到所有想要的幸福。于是许多人开始寻找，东奔西走、翻山越岭，花去了大把的时间，受尽了风餐露宿的苦难，只为心中的青鸟。最后的结果可想而知。

世上真有能带来幸福的青鸟吗？幸福的青鸟到底在哪里？有人曾经向一位贤哲请教过这个问题，哲人说："幸福的青鸟就在我们身旁，它会轻轻地停落在每个人的肩膀上，只是有些人没有看到它，甚至吓跑了它。"

幸福其实不在远处，它就在我们的身边，只要我们有一颗细腻温柔、易感动且善于发现的心。

走得动、吃得下、睡得香就是幸福，有希望、有事做、能爱人就是幸福。幸福很简单，然而现实生活中的大多数人偏要像那些寻找青鸟的人一样，去寻找一个不存在的假象。

原来幸福一直就在身边。有时体会不到幸福，是因为坐在幸福的车上太久了的缘故。其实，对那些能够"看得见"幸福的人而言，幸福始终没有离去。

有信念才有幸福

人生的旅程是遥远而不平的，只有双脚不停地前行，才能不断靠近预定的目标。虽然这些目标我们不一定都能达到，人的一生毕竟不可能永远是一帆风顺、事事都遂人愿的，但信念可以支撑我们走向胜利，它可以作为我们不懈奋斗的动力。时时在心中燃起信念的熊熊火焰，有梦想，有目标，人生才不会了无生趣。

信念是一种能激发我们潜意识灵感的神奇力量，这种力量可以促使我们完成梦想，实现目标。信念也是认识、情感和意志的有机统一，是一种综合性、稳定性和持久性很强的心理品质。信念是成功的起点，是托起人生大厦的坚强支柱。信念的力量，在于即使身处逆境，亦能帮助我们扬起前进的风帆；信念的伟大，在于即使遭遇不幸，亦能召唤我们鼓起生活的勇气。信念，是蕴藏在心中的一团永不熄灭的火焰；信念，是保证一生追求目标成功的内在驱动力。

鲁迅先生曾经说过："在行进时，时时有人退伍，有人落荒，有人颓唐，有人叛变……愈到后来，这队伍也就愈为纯粹，只剩下充满信念的精英了。"在人生道路的前行中，我们是怀抱信念上路的勇者，还是泯灭了信念火花的弱者？

有一个"半壶水"的故事会告诉我们什么是信念。

茫茫的大海上，一艘轮船不幸失事，大副带着幸存的九名水手跳上了救生艇，在海面上漫无目标地漂流。一个星期过去了，大家依然看不到一丝获救的希望。大副守护着仅存的半壶淡水，不许其他九个人碰它一下——有水就有活下去的希望，没有了水，大家就再也不能撑下去了。

大副是救生艇上唯一带枪的人，他用枪口对着那九个随时都有可能疯狂扑上来抢水的水手。任凭他们对着自己咒骂咆哮，大副用最坚硬的态度阻挡着他们。

在这九个人当中，最凶悍的是一个秃顶的家伙，他凶狠地盯着大副，用他那沙哑的破嗓子奚落他："你为什么还不认输？你无法坚持下去了！"说着，他猛地蹿上来，伸手去抢壶。大副毫不客气地用枪对准了他的胸膛。秃顶叹一口气，乖乖地坐下了。

为了保护这半壶维系着所有人生命希望的淡水，大副已是几天几夜没有合眼了，他不断告诉自己一定要挺住，不要让别人用鲁莽的举动把所有落难者的希望毁灭掉。然而干渴和困倦折磨得他再也撑不下去了，握着枪的手一点点软下去。迷糊中，大副居然把枪塞给了离他最近的秃顶，断断续续地说："请你……接替我……"然后就昏了过去。

黎明再次来临的时候，大副醒了过来，他听到耳畔有个沙哑的声音说："来，喝口水。"说话的人居然是秃顶！

秃顶一只手拿着淡水壶，另一只手稳稳地握住枪对着其余八个越发疯狂的水手。看到大副满脸疑惑，秃顶红着脸略显局促地说："你说过，让我接替你，对吗？你是领班，是指挥，我应该肩负这个重任，但是你别倒下了。"

后来，他们终于等来一艘救援的船。让救援者万分震惊的是，虽然这10个人危在旦夕，但大副的手里仍紧握着那半壶水。前来援救的船长从大副紧握的手中接过装着淡水的壶，摇了摇，一种"沙沙"的声音通过水壶传出来。船长小心翼翼地拧开盖子，仔细地看了看后，不停地向外面倒着，只见一股细沙从壶里缓缓滑落……

半壶沙，绝对救不了大家。是大副和秃顶的信念让大家脱离了险境。大副用信念支撑着别人，也照亮了自己的生命。这不就是最大的幸福吗？

信念是人生征途中的一颗夺目的明珠，既能在阳光下熠熠发亮，也能在黑夜里闪闪发光。坚定的信念犹如永不凋谢的玫瑰，以它的美好支撑着人们对美好事物孜孜以求。有了信念，即使遭遇任何不幸，都能召唤起重新开始的勇气。没有信念的人，人生路上将暗淡无光。不要让我们把心中的信念弄丢了，不要让心灵成为沙漠，不要让身体变成一副没有灵魂的躯壳。

在美国纽约，有一位叫比尔的年轻警察。在一次追捕行动中，他不幸负伤，被歹徒用冲锋枪射中了左眼和右膝盖。三个月后，当他从医院里出来时，完全变成了另一个样：昔日那个曾经高大魁梧、双目炯炯有神的英俊小伙子，变成了一个又跛又瞎的残疾人。

鉴于他的英勇表现，纽约市政府和其他各种组织授予了他许多勋章和锦旗。纽约有线电视台的记者问他："您以后将如何面对所遭受的厄运呢？"比尔说："我只知道歹徒现在还没有被抓获，我一定要亲手抓住他！”

从这以后，比尔不顾任何人的劝阻，毅然参与了抓捕那个歹徒的行动。他几乎跑遍了整个美国，甚至有一次为了一个微不足道的线索，他独自一个人乘飞机去了欧洲。

后来，那个歹徒终于被抓获了，比尔在其中起了至关重要的作用。在庆功会上，他再次成为英雄，许多媒体称赞他为美国最坚强、最勇敢的人。

然而，令人遗憾的是，不久后，比尔却在自己的家中割腕自杀了。在他的遗书中，人们明白了他自杀的原因："这些年来，让我活下去的唯一信念就是抓住那个凶手……现在，伤害我的凶手被判刑了，我赖以生存的信念也随之消失了。面对自己的伤残，我从来没有这样绝望过……”

没有了信念，就如同没有了方向盘的人生，冲不出重重的迷雾。或许，生命中什么都可以缺，譬如失去一只眼睛，或者一条健全的腿，但就是不能失去信念、对生命的热爱、对幸福不倦的追求。有信念支撑，生命的远行也就有了意义。

一位以弹奏弦琴卖艺为生的盲人，从小失去光明，他非常渴望有一天能亲眼看看这个世界。他四处寻医问药，但多年不能如愿，他失去了活着的信念，想选择投河的方式来结束生命。

一位方丈救了这位盲人，并对他说："我给你一个保证治好眼睛的药方，不过，你得弹断一千根弦，才可以打开这张纸单。在这之前打开，是不能生效的。”

于是，这位盲人带了一位也是双眼失明的小徒弟游走四方，尽心尽意地以弹唱为生。过了一年又一年，盲人在他弹断了第一千根弦的时候，迫不及待地将那张一直藏在怀里的药方拿出来，请明眼的人代他看看上面写的是什么药材，好治好他的眼睛。

明眼人接过纸单来一看，说："这是一张白纸嘛，并没有写一个字。"那位盲人听了，潸然泪下，突然明白了方丈那"一千根弦"背后的意思。就为着这一个"希望"，他支撑着，积极地面对人生，而匆匆数十年就如此活了下来。

失去信念的时候，不妨问问我们自己：心中信念的火花哪儿去了？它还存在吗？也许在成长的岁月中，火花被平凡的生活所浇灭；也许是心灵给予的滋养不足，它仍深埋在土地里没有发芽。但是，我们一定要找回它，不管在过去这段时间里，它曾藏身何处，今天，一定要将它找回，并且让它陪我们走完人生的全程。因为，只有真正有信念的人才是有灵魂的人。

赵华在下岗之前，是一个再普通不过的纱厂工人，她干活兢兢业业，做事小心谨慎，为人勤劳朴实。她没有什么大的想法，就想一家人都平平安安，孩子能考上一所好大学。但这极为朴实简单的想法也无法让她如愿，就在孩子上高二时，她下岗了。

接到通知的赵华仿佛晴天霹雳一样，简直不敢相信这样的现实发生在自己的身上，何况爱人的工资不高，孩子的花费也很大，自己没有了收入，生活如何过下去呢？她跑到厂长办公室哭诉，换来的只是很不耐烦的敷衍："好了，你的问题我知道了，会解决的，大家都困难，也不是你一个。"

赵华整日以泪洗面，愁容不展。迫于生活的压力，这个脾气平和的人也开始变得暴躁。孩子心疼妈妈，经常劝导她："下岗就下岗，不见得活不下去！你整天这么痛苦能改变什么呢？还是得想办法。"

但能想什么办法呢？除了纱厂的工作，赵华是个纯粹的家庭妇女，别的都不会呀。

一次，去逛超市，她注意到超市里卖的净菜。"净菜"不过就是普通的蔬菜，洗干净，分拣好，但价钱就高了一倍。她想，别的活我干不了，洗菜我还是行的嘛！于是，她联络了几个一同下岗的女工，张罗一个月后，成立了一家净菜加工厂，她任厂长。时间转眼过去，这么一算，每人每月平均挣到好几千元，比上班的工资高出几倍呢！

这时，她想："命运真是奇怪，没想到我这个工人也能当厂长。下岗倒是下对了，如果没有下岗的痛，也许一辈子也不知道自己还有这个能耐。"赵华的转变，也离不开自己对生活的那份热爱，离不开细心的观察和强大的信念啊！

其实在生活中，很多时候我们就如那小小的蚕儿，经常陷于一种生存的窒息状态，或是处于绝望的境地。这就需要我们用智慧和良好的心态去突破将自己包裹起来的厚重外壳，尽管这一过程会很痛苦，但于生命重生后，就会重获生命的欢愉和快慰。

对家人的爱、对别人的真诚守信、对生命执著，都是信念的源泉，这些滋润了幸福的土地，浇灌了幸福之花。拥有信念的人生，怎能不充满了鲜花和芬芳？

你快乐吗？我很快乐

为什么我们被充盈的物质包围，快乐的感觉却在递减呢？是什么偷走了我们的快乐？当我们决心向快乐出发，整装待发时，却发现拦在路途中的纸老虎。不管怎样，一切的一切都不能阻止我们寻找快乐的脚步，不论当任何人再问起“你快乐吗”，我们都可以大声地喊出来：“我很快乐！”

快乐为什么在递减

为什么我们生活着的世界发生了翻天覆地的变化，快乐却在逐渐减少？为什么明明我们拥有了许多人羡慕的东西，却仍然感觉心里很空、很失落？

当老一辈人说起他们的快乐时，我们有太多的不理解、太多的疑惑，也有些神往。在那个不曾经历的时代，我们永远无法进入的回忆在他们眼中是那样的满足和快乐，虽苦犹甜。尽管我们现在有些人已经甜得发腻，可是，却还是觉得自己不够快乐。在这一点上，我们在美国人的身上找到了答案。

圣诞节、情人节这些外国节日，被我们学得惟妙惟肖、有模有样，其实，人们张罗着过洋节无非是为了多找点乐子，感受快乐的气氛，而很少有人注意到其中的内涵。比如美国的感恩节，就是以“忆苦思甜”为主旨的盛大节日，它的隆重不亚于我国的春节，美食、家人、快乐、祥和、感恩，是它最好的概括。

在美国，每年11月的第四个星期四被确定为感恩节，人们在这一天要感谢上帝和亲人、朋友以及自己。在感恩节这一天，人们在餐桌上可以吃到各种各样的水果，还有其他丰富的食物和果汁，其中，最引人注目的大菜是烤火鸡和南瓜馅饼。这种感激之心让每个美国人在感恩节时包括平常，都感到格外幸福和快乐。感恩节的由来还有一段故事在里面。

1620年，一批新移民踏上了美国的土地，准备开始崭新的生活。结果他们面临的第一个冬天非常严酷，恶劣的天气使农作物几乎绝产。

有的移民在饥寒交迫中死掉了，有的返回了英国。留下来的人们忍饥挨饿，虽然仁慈的“主”告诉他们要诚信，不能偷窃，可是“主”不能赐给他们粮食，不少人为了谋生，不得不去偷窃。

当时，总督想尽了办法，想让大家摆脱困境，熬过这场艰辛，可惜天公不作美，丝毫没有起色。

1623年的秋天，新移民们终于有了一个丰收的季节，欢乐和笑声又回到了人们中间。后来，为了纪念这段历史，美国有了感恩节，缅怀过去的苦难，畅想幸福的未来。

快乐会递减，并不是因为快乐减少了，而是人们变得迟钝了。虽然，我们没有感恩节可过，却常常需要忆苦思甜。不让快乐的土地荒芜，就需要自己用心耕耘，精心播种，哪怕是在寒冬酷暑，也会收获快乐和幸福。

世界上任何一笔财富都比不上快乐重要。不光在感恩节，与朋友和家人在周末里聚餐，在桌子周围挤满了亲朋好友，大家一起分享传闻、欢笑、观点，甚至是分歧，这是多么美好的时光！在家里，无论大家有多忙，在周末一起共进晚餐，这不仅仅是为了一起享用美食，同样也是为了彼此相伴的快乐。

摆满食物的餐桌不仅是在用美食慰劳大家，也使大家成为了一个强有力的互助扶持小组。如果有人在某一周过得很不顺利，而帮助他渡过难关的，就是到了周末大家都会聚在一起的时刻，他会被关爱所包围，大家都会抚慰他，为他支招，而不是仅仅在那里大作评论。同样令人激动的是与那些最了解我们，并以我们的成功为骄傲的人一起分享好消息——工作上的擢升、学业的完成等，把“身在福中不知福”变成“身在福中便知福”。似乎人性的弱点往往是当一件幸福之事环绕自己时，人却变成是迟钝的了。

一个在茫茫无际的沙漠中徒步孤行、饥饿难耐的人意外地找到一片满是泉眼和果实挂满果枝的绿洲，对于那个人来说无疑是天大的快乐。

假使时空可以转换，我们重新审视那个在沙漠中获得快乐的人。将那人换一个地方，让他生活在什么都不缺的环境中，那“绿洲”就显得微弱至极，当有种类繁多的瓜果、滋味各异的饮料，在享受恩赐之物时，他是否还会想起在另类时空下，同样的恩典却有不同的感受呢？那可真是让快乐大打折扣了。

快乐在递减，是想当然的事情，却不是必然的。山还是那座山，可是领略过泰山的威仪之后，再看平常的山，感觉就不一样了。人处的环境越好，需求、欲望就会越高，对低等的物质、感觉的提供就越习惯。当我们认为一些事情是理所当然的时候，肯定就不会觉得幸福了。

这样的例子不胜枚举。

当御厨为高高在上的朱元璋奉上香气四溢的“翡翠白玉汤”时，朱元璋品尝后却大失所望，怎么也找不到当年那股“美味”了。

原来，朱元璋在没当上皇帝之前曾沿街乞讨，每次讨回的都是些剩菜残羹，白菜、豆腐也成了最大的奢侈，也许他觉得那就是山珍海味。但当他摇身一变，当上了皇帝之后，每天享受的都是御厨掌勺的可口大餐，天南海北的风味一应俱全。有一天，吃腻了宫廷佳肴的朱元璋，回忆起当年乞讨到的白菜、豆腐的“美味”，随即命御厨烹饪当年的“白菜豆腐汤”。

曾经那些救命的东西给皇帝带来了满足，它们本身的价值和作用一点都没有发生变化，只是因为时过境迁，往日的喜悦早就被各种物质满足了。习惯性的东西就不再奇怪了，不再有欣喜了。

所以我们想要活得一直快乐，不让快乐递减，就要学会感受快乐，不要让我们的感官麻痹，失去对快乐的敏感，要经常思索快乐的意义，寻找快乐，记得快乐。

在走向富裕和快乐幸福的生活时，请别忘记沙漠中的口渴，别忘记无鱼、无肉、吃糠咽菜的三餐，别忘记又饿又累又病的日子。恒念物力维艰，常思一饭一粥来之不易，只有回忆过去的苦，才知现在拥有的甜。

性格决定了快乐的质量

如果说快乐是可以测量的话，那么性格便是衡量快乐的一把标尺，乐观和悲观便是标尺上的刻度。

我们快乐的感觉与性格中的乐观程度大有关联，天生的乐天派，对任何事情都能看到其积极的一面，即使生活中有些不如意，他们也不会受太久影响，这些不如意很快就烟消云散，而他们跟没事人儿一样；对于性格中颇为悲观的人，本来是一件很好的事情，也会被他们的悲观“加工”成消极信息，被自我演绎成一件不幸的事。

北京的一家公司组织全体员工到市中心参加一个以“数字化产业发展”为主题的会议，希望员工提高这方面的认识。小路听到这个消息后一蹦三尺高，“太好了，早就听说过这个会，终于有机会参加了！正好趁着这个机会好好学习一下，对自己未来的发展太有帮助了！”一连几天她都兴奋得睡不着觉，那个高兴劲儿甭提了！

小楠却怨声载道：“大热的天，还要出去参加什么会，真倒霉。搞不好，坐车还会晕车。对那边也不熟悉，连中午饭都成问题，听说那边吃饭都挺贵的。”晕车药、水、吃的，小楠辛辛苦苦准备了一大包，结果，出发那天，同事们都笑话她，觉得她像是去避难。

像小路这样个性乐观而开朗的人对一些正面情感的体验，如高兴、喜欢、愉快等，反应是强烈而敏感的；对负面情感的体验，如痛苦、悲伤、憎恨等，则反应非常迟钝。而像小楠这样悲观的人则恰恰相反。所以，越是乐观开朗，人的快乐指数越高，就像建一座高塔；对于悲观消极的人，做任何事则好像在挖井，他们的快乐指数呈向下增加的趋势，成为“负增长”。

其实，幸福快乐的人并一定就不比其他人拥有更好的学习条件或成就，只是因为他们的乐观让对待生活和困难的态度有了不同，乐观的人不会在“生活为什么如此对我不公”的问题上作长时间的纠缠，而是努力去解决问题。他们总能以乐观、积极的态度来面对未来。

天生的乐天派，遇事多往好处想，按照乐观的思维方式去推理，即使天塌下来，认为没什么大不了。相反，悲观的人，遇事多往坏处想，按照悲观的思维方式去推理，一点小事就可能痛苦很长时间。这样的人活得比较苦，最终都有可能因痛苦的情绪而改变命运。性格决定命运，也决定了一个人一生的幸福与快乐。

欣欣总是找姐妹们诉苦，她常常抱怨生活的不公。刚开始姐妹们很同情她，谁的生活中没有不如意的事情呢？都需要有个倾诉的对象，但很快姐妹们就被她的痛苦情绪所包围。无奈之下，姐妹们开始疏远欣欣，生怕被她那洪水般的哀伤淹没。欣欣只好向心理医生求助。

“我就知道自己这辈子不会有好运气。别看我爸妈给我起名叫‘欣欣’，实际上我活得一点都不开心。”她说。

“你是怎么知道的呢？”医生问。

“记得小时候，我妈有一次带我去算命，大师说我面相不好，一辈子会有很多坎坷，没有好运。当时我就牢牢记住了这句话，觉得自己一辈子都可能完了。20岁的时候，城里的姑妈为我介绍了一个很出色的对象，那个男孩也很喜欢我的朴实和勤奋，表示愿意娶我时，我简直不敢相信自己会有这么好的运气，猜想这会不会只是昙花一现。我没有同意这门亲事，和邻村的一个看起来挺老实的农民结了婚。以为他条件差点，长得难看点就会对我好点，谁知结婚后才知道他是一个滥赌鬼，家里被他输得什么都不剩。我的孩子也有问题，都五岁了还不会走路。你说，我这样的人生哪里还有希望，一切都被那个算命的说中了……”

医生又问：“你为什么相信一个对你毫不了解的人，而不相信自己呢？”

“我现在的不幸不是已经证明算命先生的话是对的了吗？”欣欣仍然固执地说。

“其实不是不幸在追逐着你，而是你自己在制造着不幸。当幸福向你伸出手臂想要拉你一把的时候，你却把头扭过去，不去回应。但是，当厄运向你一眨眼，你就迫不及待地迎了上去，好像这才是你的人生。看来不是算命先生预言了你，而是你消极的人生态度引发了灾难。”

这样的人当然会觉得自己不幸福，也不快乐了。心理医生鼓励欣欣一定要选择积极的办法去解决现在的困境，然后将悲观的情绪藏起来，给孩子带来一个健康的环境。

人生不会总是平坦、芬芳的大道，有些路的确不好走，但不管走到什么绝境，要坚信总会有一个出口能找到幸福。如果只是一味地自怨自艾，就会错过选择搭乘另一班幸福列车的时机，命运也就会在这样一次次错过中走向不幸。

面对同一件事情，如果用乐观的方式去处理，结果往往会大相径庭。同一件事情由具有两种不同心态的人去做，其结果必然相反，有什么样的心态就有什么样的命运。

大哲学家苏格拉底是一个有着快乐心态的人。在他还是一名单身汉的时候，跟几位朋友住在一间七平方米的房间里，他每天都很快乐。

有人问他："那么多人挤在一起，连转个身都困难，有什么可快乐的呢？"苏格拉底回答说："能跟朋友们交流思想和感情，难道不值得高兴吗？"

当朋友们都成家搬走之后，他依然很快乐，因为他能安静地在书中汲取知识和营养。当他也成了家，搬到大房子里后，因为住在第一层，住在上面的人会不断地往下泼脏水、扔垃圾，但他依然快乐。他想到的是，进门就是家，搬东西很方便，还能在空地上养花种菜，生活充满乐趣。当他与一位偏瘫的老人换了房子后，他搬到了顶楼。此时他想到的是，爬楼可以锻炼身体，况且高层光线好，看书不伤眼，视野宽阔而且周围非常安静。换做是一个心态不豁达的平常人，估计早就被气死了。而苏格拉底却能甘之如饴。

要保证快乐的质量，就要消灭我们性格中的悲观成分。事实证明，江山易改，本性可移，影响一个人性格的因素不但有遗传，还有幼年和童年时期的家庭环境和经历。人的性格是能随着环境的改变而改变的，关键还在自己的心态。当我们发现自己性格中的缺点，并愿意改变时，不妨试着向自己习惯思维的相反方向去考虑。比如本性比较吝啬的人知道自己有这个毛病，在与人相处需要花钱时，就比原来多花一些；胆小的人在遇事时，就豁出去勇敢一些。久而久之，性格便会有一些改善。

要快快乐乐，先从努力让自己成为一个个性乐观、开朗的人开始。如果我们能发现自己性格中的缺陷并加以改正，是莫大的聪明；如果还能找到性格的长处并予以充分发挥，则是更大的智慧。在纷繁的社会中，不管遇到有多么的不开心、痛苦和不如意的事，但只要我们能从事物积极的一面去思考，培养一个乐观的心态，就会发现生活到处都有快乐的踪迹。

明晓进退的人，才会快乐

对于任何一个人来说，在原地打转的时候不是太多的，人生的十字路口太多，是向左走，还是向右走？是向前一步，还是退后一步？两难的选择，往往是难以避免的。

一进一退间，还真是充满了学问。进有进的谋略，退有退的智慧。如果一个人不懂进退之道，该进的时候退，该退的时候进，一肚子的不合时宜，怎能活得轻松快乐？从伟人 到平凡人，进与退都对人的一生影响至深。

从小学到大学，杨明都是品学兼优的学生。大四时，他报名参加了研究生考试，并轻而易举地考入一个非常不错的学校，有人说他简直是一个天才。

不可思议的是像他这样出类拔萃、拥有研究生学历的一个人，却在求职的路上栽了一个又一个跟头。

在找工作时，杨明一直风风火火地寻找大公司，谋求高职位，对一般的公司根本就不屑一顾，不管对方薪资给多少，待遇有多好，他都瞧不上眼，觉得小公司没发展，没有前途，一心一意奔大公司使劲儿。他觉得凭自己的能力至少应该在一个大企业中担任经理以上的职务，相信自己有朝一日一定会遇到一位慧眼识珠的老板，在茫茫人海中把他这匹千里马挑去，然后把公司交给他管理。一味地前进，让他处处碰壁，不知道撞了多少南墙，吃尽了苦头，看着一起读研究生的同学们都有了工作，自己的工作还是八字没一撇。

家人都劝他不要一味地前进，眼光太高，凡事都应该慢慢来，现在找工作可以先找个起点低一些的，将来在工作中如果能表现出色，自然有升职的机会，退一步海阔天空啊！大学时的好多同学，毕业之后也都是从底层做起，几年的沉淀，人家也都有了不小的收获。杨明却觉得心里不平衡，对家人的话根本就听不进去。在求职的过程中，有的公司老板确实对他的学历非常赏识，可是当听到他提出的要求时，无一例外地拒绝了他。在接二连三的求职失败后，他终于看清了现实，最后还是在一家普通公司找了一份工作，他想起自己当初放弃了许多条件不错的工作，心里后悔不迭，可是又有什么办法呢？

职场就如同战场，不管能力多高，都需要在实际的工作中来检验，没有哪个工作单位会在一开始就给安排重要的职位。我们可以给自己定很高的定位，但是要考虑工作单位接不接受。求职是一个台阶，需要一个一个迈，该上的时候上，该下的时候就一定得下来，否则会摔得鼻青脸肿。职场是一个显示自己的舞台，在这个时候，薪水和职位之类的问题要从长计议，只知前进当然会撞得满头包。若懂得在职场中的进退之道，在工作中尽情地显示自己的专长，还担心自己不会被重用？

对于我们来说，“进一步”好像是再平常不过的事，似乎我们就应该迈开了大步朝前走，追赶着未完成的梦；“退一步”却很难被接受，因为，那似乎就意味着倒退。其实不然，如果说“进一步”的做需要的是谋略，“退一步”的想需要的则是智慧。

画家在作品即将完成时，通常都会退后几步，端详自己的画作，接着再向前修饰作品，让它更加完美。这是因为先暂时退出专注的状态，转换不同的情境和心情，反而会引发我们创新的思路和念头。在工作或是生活上，我们经常会遇到这样的情况：萦绕已久的问题，百思不得其解，却往往在身心放松的时刻，灵光闪现。我们头昏脑涨地向前冲，还不如舒缓心情，转换心境，好的方法和想法自然而然会出现。

晶晶从医学专业毕业后，遵从惯例，她只能先到医院里做见习医生。其实晶晶在大学读书期间就已经在医院里实习了一年，那段经历让她记忆犹新。短短一年的时间，晶晶像个陀螺似的，几乎跑遍了所有的部门，那个时候她就发现自己并不喜欢这样的生活：老医生都忙着升官，年轻医生忙着看病人，所有的人都忙忙碌碌。年轻医生每天接待上百名病人，表情都变得麻木不仁，更别提什么热情了。救死扶伤虽然是很光荣的职业，她不敢想象自己一辈子都要过这种一成不变的生活。

父母对她的工作非常担心，常常跟她说："现在，找一份工作多难啊，多少人都羡慕能在医院里工作呢，你这傻孩子居然还不想留在医院。"晶晶心里非常沮丧，难作决定，她在心里不停地问自己："我真的适合医院的工作吗？"

其实，晶晶一直希望自己能成为一名医药代表，经过一番激烈的思想斗争后，她终于决定放弃在医院发展的机会，几经周折后，成为了一家医药公司的代表。医药代表的工作虽然需要四处奔波，她却感觉自己的人生有了别样的风景，每天的生活都是充实而快乐的。

进和退，是为了让我们脱离各种问题的困扰，而不陷入泥沼当中。前进屡屡受挫，便退而求其次，再退而求其次，渐渐地去接受甚至喜欢这个退求来的。能够心甘情愿地接受，那未尝不是一种快乐。现如今，许多家庭大战越演越烈，父母和孩子之间的关系变得僵硬，究其原因，都是双方各不相让的结果。

"我很苦恼。全都是因为我的儿子。他只喜欢上网打游戏，不喜欢念书，功课很差，数学考试分数甚至是个位数。他的性格也渐渐变坏，听不进去你说的话，常常是你刚讲了他一句，他已经摔门而去……我真的不知道该怎样面对这个孩子？"一位忧心忡忡的母亲对心理咨询师说出了自己的忧虑。

咨询师让她做了三道选择题。

第一题，如果这个母亲现在临近产期，她希望自己的孩子：

(1) 将来会长成帅哥美女，可是出生时先天不足，随时可能有生命危险；

(2) 将来长相平常，可是生产过程顺利。

第二题，假设这个母亲生下的孩子长到了10岁，又将面临两种选择：

(1) 学习成绩优秀，是父母的骄傲，有一天却突然走失，再也找不回来；

(2) 学习不好，是老师眼中的淘气包，爱顶嘴，脾气大，可是虎头虎脑，身体很棒。

第三题：假设这个孩子长到了成年，母亲必须又作一次选择：

(1) 孩子戴上了博士帽，远赴海外，从此再也见不到母亲；

(2) 从普通学校毕业后，留在了本市，每天依然在母亲面前晃悠，时不时和母亲吵架斗嘴。

三道题，这位母亲都选择了第二项。于是，她的孩子的形象是：长相平常，学习不好，爱顶嘴，耍脾气，毕业于普通学校，但是每天都会出现在母亲面前，身体健健康康。

这位母亲忍不住抱怨道：换成任何一个人都会像我这样选。你的答案为什么不能是一个聪明、健康、乖巧、成绩好的孩子呢？

咨询师说："因为那个聪明、健康、乖巧、成绩好的孩子是每个人想象中的孩子，而答案中的这个孩子才是孩子真实的状况啊。"

这位母亲仿佛有些懂了，她问咨询师下一步该怎么做。咨询师给她布置了一个作业，回去后写下儿子的优点，下次带来。

第二次的时候，女士告诉咨询师自己儿子的优点：篮球打得好，吃饭不挑食，会帮着扛煤气瓶，字写得很工整，很少生病……原来自己的儿子有那么多优点！这位母亲觉得自己的儿子也不是那么差劲，反而在很多地方很优秀，不禁欣慰起来。

前后不过几天，为什么自己眼中的儿子变得不一样了呢？咨询师对她说：因为你学会了让步。对儿子要求得越多，你的失望、难过就越多。

如果，能多为对方想一想，互相之间都能够退一步，事情也没有想象的那么糟糕。人生之所以有这么多烦恼，皆因遇事不肯让他人一步。而快乐的做事做人，便要在该进的时候进，该退的时候退。在生活中，随时随地，如若我们都能儒雅地“进一步”或“退一步”，才算是掌握了人生哲学的精髓！

向快乐出发

人们的美好祝愿不外乎“万事如意”、“心想事成”、“平安吉祥”……这些都代表着人们殷切的希望和最诚挚的祝福，而最常见的祝福莫过于“天天快乐。”快乐是如此简单的事情，为什么在我们的生活中快乐是如此的陌生和稀缺？

快乐本没有绝对的定义，之所以快乐距离现代人越来越远，其中一个原因是：人们的种种需要没有办法得到满足。审视自己的生活，便发现：顺心的事太少，烦心的事太多，哪能快乐得起来呢？

有一个人，因为他生前善良，经常热心帮助别人，所以在他死后，升上天堂，做了天使。他当上天使后，仍时常到凡间帮助人，希望能带给人更多的快乐。

一日，他遇见一个农夫，农夫的样子非常苦恼，他向天使诉说：“我家的水牛刚死了，没它帮忙犁田，那我怎能下田作业呢？”

于是天使赐给他一头健壮的水牛，农夫很高兴，天使在他身上感受到了快乐的味道。

又一日，他遇见一个男人，男人非常沮丧，他向天使诉说自己的遭遇：“我的钱被骗光了，没盘缠回乡。”

于是天使给他银两做路费，男人很高兴，天使在他身上感受到快乐的味道。

又一日，他遇见一个诗人，诗人年轻、英俊、有才华且富有，妻子貌美而温柔，但他过得不快活。

天使问他：“你不快乐吗？我有什么能帮你的吗？”

诗人对天使说：“我什么都有，只欠一样东西，你能够给我吗？”

天使回答说：“可以。你要什么我都可以给你。”

诗人对天使说：“我要的是快乐。”

这下子把天使难倒了，天使想了想，说：“我明白了。”

天使拿走诗人的才华，毁去他的容貌，夺去他的财产和他妻子的性命。

天使做完这些事后，就离去了。

一个月后，天使再回到诗人的身边，见他饿得半死，衣衫褴褛，正躺在地上挣扎。

于是，天使把他的一切还给他，然后，又离去了。

半个月后，天使再去看诗人。

这次，诗人搂着妻子，不停地向天使道谢。因为，他终于找回了失去的，失而复得让他感受到了久违的快乐。

其实，快乐并不遥远，就在我们的身边。当我们的需要得到满足时，就会从心底生起一股快乐感。即使是一个小小的满足，也能让我们品尝到快乐的甜蜜和幸福的芬芳。

一个小女孩在玩具店里看到了可爱的玩具熊或是洋娃娃，想要拥有，如果父母不给她买，她便会向父母撒娇，或是大哭，或是生气，甚至在地上打滚，用尽各种手段和方式，如愿以偿之后，挂着眼泪和鼻涕的小脸儿上又露出了可爱的笑容。人们在享用快乐之前，都要经历一些考验，用一些计谋。快乐不是想有便有，不能得到、失而复得会让人的快乐感加倍。

在很早以前，两个疲惫不堪、又饥又渴的年轻人在荒山中遇到了一位渔翁，他们希望老渔翁给他们一些食物，老渔翁就给了他们俩一筐鱼和一根鱼竿，其中一个人选择了一筐鱼，而另一个人选择了鱼竿。选择了一筐鱼的年轻人立即找东西生火，并叫同伴一起帮忙准备烤鱼吃，然而同伴却离开了。没用多久，烤鱼的香气散发了出来，这个年轻人二话不说，开始享用味道鲜美的鱼。他吃得饱饱的，收拾起行囊，积攒了力气走出了荒山，准备向快乐出发。

选择鱼竿的年轻人，则开始踏上寻找小溪的旅程。他坚信等到了小溪边，就可以喝到水，钓到肥美的鱼，岂不是一箭双雕？于是，他一直坚持着，最后终于找到了溪流，可是，大失所望的他只能用喝水来填饱肚子了，因为小溪里连个鱼的影子都没有。他悔不当初，如果自己和同伴一起吃鱼，再寻找小溪，那该有多好啊！

决定快乐是近还是远的那个人，不是别人，就是你自己。

快乐需要有一定的目标。这个目标可以很近，也可以很远，全看自己的掌握。目标设定得太近，中心更好瞄准，快乐垂手而得；设定得太远，就有点悬了，毕竟，不是每个人都是“百步穿杨”的高手。

聪明人的做法是：在向快乐出发的路途中，永远在自己面前不远的道路上种下一棵棵果树，让自己一路上都能吃到美味的水果，每一程都有所收获。而有些人，虽然也是一门心思地向快乐进军，种的却是苦果，他的快乐只能自己体味，别人却不能一起享用。

韦明只是一个普通的业务员，一次，他却对朋友说：“烦死了，我手下一个员工把供货价格弄错了，以我给总经销商的价格，把货发给了超市。这俩价格差很多，让我一下就赔了好几十万。我才刚出来一会儿，就出了这么大的乱子，真不让人省心。我还得赶紧处理这事。

他们就知道给我找事干，累死我算了。”

他所谓的手下，其实是公司新来的同事。平时韦明工作挺卖力的，但就是因为经常犯一些小错，一直得不到领导的重用。最近公司让他带新业务员熟悉工作，结果新同事弄错价格，少收了几千元钱，他就借此机会添油加醋地抱怨了一番。他这样做是在证明自己能解决很多棘手的问题，公司很需要他、离不开他，他的人生价值正在于此，他的快乐也源于此。

刚刚旅游回来的萧莎不住地对同事说：“前两天，我去上海旅游。我老公一天到晚不停地打电话给我。我去了还没三天呢，就问我什么时候回来。烦死我了，我都快要崩溃了。这一趟我都没怎么玩儿。”

实际上，萧莎想说的是虽然她结婚很多年了，但是老公直到现在还是那么离不开她、还是那么爱她。但事实是，萧莎的老公一年到头在外面忙，他们两人很难见上一面。萧莎经常会因此担心老公不再爱她了，也担心自己在朋友眼里是个婚姻不幸的人。她用这种抱怨的方式，表明自己是幸福的，同时也把自己的“不快乐”传达给朋友，让自己获得优越感。

向快乐出发，给人以无限向上的动力。人们在追寻快乐的道路上却常常走入了幻想的误区，用不快乐做幌子，向世人显示自己的成功，结果让快乐和自己渐行渐远。所以，在向快乐出发之前，一定要先准备好方向盘，看清楚快乐的目标，这样才会找到快乐的所在。

一切都是纸老虎，不必不快乐

生活中，经常会出现一个又一个的拦路虎，它们阻挡了我们迈向幸福的大门，于是，我们为了躲避它们，不愿意告别自己熟悉多年、趋于稳定的生活状态，更不愿去面对未知的陌生环境。我们总是迫切地希望搞清楚自己在哪里，又为什么在这里，在这里做什么，为什么做这些；那些明确的、熟悉的、肯定的、在自己掌控之中的信息，才是让我们安心的。生活不在自己掌控之中的恐惧和无助，促使我们习惯性地将未知、不确定与风险等同起来。为了避免风险，我们宁可守在自己熟悉的舒适地带，让自己举步维艰。而这一切，不过都是些纸老虎，又何必为此闷闷不乐、担惊受怕？

当负面想法无意识、无休止地强化后，本来只是一只温驯的小猫咪，却被我们看成了老虎，再仔细看看，说不定还是只张着血盆大口的老虎。如果真的是老虎，我们哪还有时间在这里想东想西？恐怕早就被吃掉了！其实拦路的不过就是纸老虎，然而纸老虎，真的有这样的威力吗？

老关和老耿是同一家企业的两个老员工。实际上，两个人并不老，老关 40 岁出头，而老耿不过刚过 40 岁的生日。他们为企业服务多年，都勤勤恳恳、任劳任怨，对企业可谓是尽心尽力。可是，天有不测风云，受到金融风暴的影响，企业需要裁掉一大批人员。

老关和老耿正是在这个风口浪尖上，两人都难逃进入黑名单的命运。在宣布裁员的那天，素来要好的两人吃了顿饭，喝得大醉，以解心中的不快——此后不能再共事了，今朝一别，将各奔东西。没想到这一别，居然是永别。

多年以后，老关试图联系老耿，结果让他大吃一惊：老耿居然在几年前就自杀了。这究竟是怎么回事呢？

原来，当初老关被公司裁员后，家人都劝他安心在家休养，因为过不了几年他就可以领养老金了。可是，老关是个闲不住的人，居然托人办理了出国劳务，老婆怨、孩子劝，怎么都没能打消他出国的想法。他对家人说，自己过了大半辈子了，原来一直没机会去国外看看，现在终于能到国外去转转了。几年的时间一晃就过，到时候带着全家人一起去国外见见世面，或者去其他的城市旅游，多好啊！老关毅然踏上了异国的土地。在国外待了几年的老关想起了曾经的兄弟——老耿，他的为人和技术都不错，如果也能出国，还能和自己做个伴儿，相互有个照应。

而老耿回家后却越来越觉得生活无望，觉得人生再也没有比这更难以接受的事情了。他整日郁郁寡欢，喝得大醉，非常消沉。老婆看了更是生气，埋怨他没出息，挣不来钱，是个不折不扣的窝囊废，总是冷言冷语相待。有一天，老耿终于承受不住了，选择了极端的方式，他的老婆也追悔莫及。

如果老耿和他的老婆都能够调整好心态，又怎能不度过此劫呢？由于他内心的软弱和恐惧，让“纸老虎”得以张牙舞爪，气焰嚣张，被“纸老虎”活活地吞噬了。如果有一天得知公司有裁员计划，从裁员标准来看，也许难逃此“劫”，我们会有什么样的反应？

“我在这家公司踏踏实实地工作了10年，我把青春都献给了它。如果公司现在把我裁了，也太不人道了吧？！在经济危机这样的形势下，一时半会儿到哪儿去找工作？我的房贷月供怎么办？物业费、暖气费、水电费怎么办？我的儿子就要上幼儿园了，没钱给他上好的学校，他的未来怎么办？唉！我该怎么办？”

拖家带口的人经常会有这样的想法。一个又一个的“怎么办”争先恐后地向我们招手，好像我们要去海南岛度假，它们生怕被落下。

日复一日，年复一年的机械工作，让我们过着雕塑般的生活，却从未意识到大多数时候所谓的安全和恐惧，只是限制我们采取行动的一些想法。它们不会帮助我们解决什么，反而成为我们打破惯性思维的“纸老虎”。当知道公司有裁员计划时，如果换一种方式思考，我们的生活也许会呈现另一番生机勃勃的景象。

“我在这家公司已经工作10年了，一直没有勇气让自己离开，现在终于有机会去做一直以来自己想做的事情了。我的一生不能就这样守着一件事情、一个地方度过，这是个让我重获新生的机会。至于房贷，我可以把房子租出去，甩掉那些牵制我的负担；至于我的孩子，不一定非要上贵的学校，贵的不一定就好，适合他的就行，很多没上过学的人也取得了很大的成就……”

明明是同一种人生，怎么会有这么大的差距呢？实际上就是这样神奇。如果我们被那些气势汹汹的假问题吓倒，人生就被迫走入了死胡同。而当发觉这些不过都是“纸老虎”，完全可以绕过去，就会轻松获得不一样的人生。否则，即便是再强大的人，也会被绊住。

动物园里的大象，有许多游人参观。大家喜欢给大象吃的东西，纷纷往大象的活动场地里扔苹果、香蕉等水果。大象看到扔进来的水果就会走过去吃。有的苹果滚到了围墙附近，大象总是追着苹果跑到离围墙三四米远的地方就停下来，不再去吃那些近在咫尺的苹果。

它只要再往前走一小步，就可以吃到苹果了，为什么会垂头丧气地掉头就走呢？

原来管理员在距离围墙三四米远的地上放置了一些很细的铁丝，大概有一尺高，绕着大象活动的场地插了一圈，像一道警戒线。可是这些细细的铁丝对大象来说，简直就是小儿科，根本不会对大象有任何危害，它们为什么不敢跨过去呢？苹果就在眼前，它完全可以够得到，还差这一小步吗？是什么魔法让那些细铁丝可以将这些硕大的动物禁锢起来呢?

管理员说出了这个秘密，他们怕大象会伤到围观的游客，所以从大象小时候开始，就训练它们不能踏出那个范围。当大象企图跨越这一区域的时候，管理员就毫不客气地对其进行惩罚。大象是很聪明的动物，久而久之，它们再也不敢跨出那个范围了。直到大象长成庞然大物，也不敢逾越这条形同虚设的警戒线。

这时我们也许会想，大象真是太笨了！居然被一些细铁丝牢牢地限制在有限的区域内，对大红苹果望尘莫及。其实人又何尝不是这样呢？任何与安全和熟悉背离的区域都是人们的禁区，“纸老虎”的厉害就在于能把不是问题的问题，变成了人们望而却步、抱怨、不满的导火索。

通向成功的路途中有许多陷阱，也有许多拦路虎，不过，这些看似张牙舞爪的老虎，不过都是虚张声势的纸老虎而已。何必让自己被吓倒、变得不快乐呢？不如永远微笑着坦然面对一切吧。

我快乐，故我在

我快乐，所以我存在。发自内心的快乐，让人们能够真正享受生活。

在电视剧《家，N次方》中，主角的前女友赵雯说了一句颇为“经典”的话：我贱，故我在。青春漂亮是她的优势，况且她还有聪明的头脑和犀利的言语。而矛盾是她的性格特点。她用尽一切手段，不惜任何代价往上爬，甚至会出卖朋友。她得到了副主编的位置，获得了所谓的“成功”，却众叛亲离，同事排斥她，朋友疏远她，而且，她也失去了最重要的东西——快乐。翻然醒悟后，她开始转变自己的人生，重新找回人性中的善，重新发现美，这种变化让同事有目共睹，也让她重新获得了爱情。而快乐，就在不远处。

许多人认为自己经历了是是非非，就会变得更加成熟，也因此不再快乐，认为被生活中的大风大浪冲刷后，只会更加沧桑。殊不知，一个真正成熟的人能够握住自己快乐的钥匙，他不期望别人使他快乐，反而能将自己的快乐与幸福带给周围的人。

有一个人一直管不好自己的钥匙，经常不是弄丢了，就是忘了带，要不就反锁在门里。后来他想老是撬开门也不是个办法，所以配钥匙时便多配了一把，放在隔壁邻居家。他以为这下可以无忧无虑了。没想到有一天他又忘了带钥匙，恰好隔壁的人也都出去办事了，于是他又吃了闭门羹。后来，他干脆又在另一边邻居那里也放了钥匙。当他在外边存放的钥匙越多，他对自己的钥匙也就管理得越松懈，为保险起见，他干脆在所有可以拜托的邻居家都存放了钥匙，但最后就变成——有时候，他的家所有的人都进得去，却只有他进不去，因为所有的人手中都有他家的钥匙。他家的那扇门锁住的，其实就只有他自己而已。

这个故事很耐人寻味。在现实生活中放弃自己的权利，让别人来决定自己生活的人实在不少。他们把自己求学、择业、婚姻……所有的问题统统托付给他人，失去了自我追求、自我信仰，也就失去了自由，最后变成了一个毫无价值的人。人生最大的损失，莫过于失掉了自我的乐趣。

每个人心中都有把“快乐的钥匙”，这把钥匙是开启自己和别人快乐之门的关键，但人们却常在不知不觉中把它交给别人掌管。

一位女士抱怨道：“我活得很不快乐，因为丈夫常出差不在家。”她把快乐的钥匙放在丈夫手里。

一位妈妈说：“我的孩子不听话，让我很生气！”她把钥匙交在孩子手中。

男人可能说："上司不赏识我，所以我情绪低落。"这把快乐的钥匙又被塞在老板手里。

婆婆说："我的媳妇不孝顺，我真命苦！"她把快乐的钥匙放在了媳妇那里。

这些人都作了相同的决定，就是让别人来控制自己的心情。当人们容许别人掌控自己的情绪时，便觉得自己是受害者，于是抱怨与愤怒成为了唯一的选择。人们开始怪罪他人，并且传达一个信息："我这样痛苦，都是你造成的，你要为我的痛苦负责！"这样的人使别人不喜欢接近，甚至望而生畏。

专栏作家哈理斯和朋友在报摊上买报纸，朋友礼貌地对报贩说了声"谢谢"，但报贩面无表情。"这家伙态度很差，是不是？"他们继续前行时，哈理斯问道："他每天晚上都是这样的。"朋友说。"那么你为什么还是对他那么客气？"哈理斯再问。朋友答："为什么我要让他决定我的行为？"

哈里斯的朋友就很明智。一个成熟的人能够握住自己快乐的钥匙，他不期望别人使他快乐，反而能将自己的快乐与幸福带给周围的人。

有一位年轻的画家把自己的一幅佳作送到画廊里展出，他别出心裁地放了一支笔，并附言："观赏者如果认为这画有欠佳之处，请在画上做上记号。"结果画面上标满了记号，几乎没有一处不被指责。这位画家的心情很糟糕。他找到了他的老师，把自己的遭遇告诉老师。老师叫他画了张同样的画拿去展示，不过这次附言与上次不同，请每位观赏者将他们最为欣赏的妙笔都标上记号。结果，当画家再取回画时，看到画面又被涂满了记号，原先被指责的地方，却都换上了赞美的标记。

年轻的画家这次并没有狂喜。因为他明白了一个道理：自己的情绪不应该由别人来操纵。

而另外一个画家的情形则大不相同。

有一位画家，举办过十几次个人展，参加过上百次画展。无论参观者多与否，有没有获奖，他的脸上总是挂着开心的微笑。

在一次朋友聚会上，一位记者问他："你为什么每天都这么开心呢？"

他微笑着反问记者："我为什么要不开心呢？"

而后，他讲了他儿时经历过的一件事情：

画家小的时候，兴趣非常广泛，也很要强。他画画、拉手风琴、游泳、打篮球，样样都学，还必须都得第一才行。这当然是不可能的。于是，他闷闷不乐，心灰意懒，学习成绩一落千丈。有一次，他的期中考试成绩竟排到全班的后几名。

父亲知道后，并没有责骂画家。晚饭之后，父亲找来一个小漏斗和一捧玉米种子，放在桌子上，告诉他说："今晚，我想给你作一个试验。"父亲让画家双手放在漏斗下面接着，然后捡起一粒种子投到漏斗里面，种子便顺着漏斗漏到了画家的手里。父亲投了十几次，画家的手中也就有了十几粒种子。然后，父亲一次抓起满满一把玉米粒放到漏斗里面，玉米粒相互挤着，竟一粒也没有掉下来。父亲意味深长地对画家说："这个漏斗代表你，假如你每天都能做好一件事，每天你就会有一粒种子的收获和快乐。可是，当你想把所有的事情都挤到一起来做，反而连一粒种子也收获不到了。"

每个人身处的地方，不论是环境、人、事、物，都很容易影响自己的情绪，可是千万别忘了，决定快乐的钥匙，只在自己手中。如果内心有阳光，就能够释放出光和热，不仅能够温暖自己，还能够照亮别人。而如果内心冷如冰，即使融化了也是0℃。

用健康拥抱快乐

健康是生命之源。仔细想来,人生就好像一条缓缓流动的河,出生便是源头,整个过程就是流程，死亡则是终点。不管这条河有多长，最终还是要达到终点，进入海洋。如果失去了健康，生命会变得黑暗与悲惨，会使人对一切都失去兴趣与热诚，也很难拥有快乐，人生的河流也会提前枯竭。

不良的健康状况对于个人、对于世界所产生的危害到底有多大，恐怕没有人能计算出。不良的健康状况使人愁云惨雾、忧心忡忡，甚至脾气暴躁，将快乐拒之门外。

许多人似乎以为花钱就能买来健康，买来长寿，认为可以破坏健康法则，在一天内做两三天的工作，在一次宴会上吃两三天的食品，便可以用各种方式糟蹋自己的身心健康，然后请教医师，光顾药房，以作为补救。他们的生活都循环往返于糟蹋身体，结果是：胃口不良、精力衰微、神经衰弱、失眠、精神抑郁不宁。不良的身体、衰弱的精神，真不知造成了天下多少悲剧，破坏了天下多少家庭。

一个在别人眼里非常优秀的亲人突然去世，留下蓬勃发展的事业走了；一位非常富有的邻居一夜之间失去了所有的财富，并沦为阶下囚；一个幸福美满的家庭，孩子突然失踪，一家人随之垮了下去……这种事只有发生了，才让人们感受真切，震惊之余，猛然发现：原来健康不是必然的，只是相对的；原来死神也会随时向我们招手，而幸运之神更不会永远眷顾一个人。我们苛求再多也可能在一瞬间失去，平淡的生活不见得就是不幸，但是，幸福是相对的，用平凡的心来体会身边已有的幸福——即使认为身边没有幸福可言，可只要用心去读，就会有不同的注解。

拥有健康并不能拥有一切，但失去健康却会失去一切。健康不是别人的施舍，而是对生命的执著追求。拥有一番惊天动地的事业很难，似乎是遥不可及的。而一个健康而强壮的身心，是可以做到的，只要人们能够过一种有节制、有规律的生活。心理学家、哲学家安利·柏格森说过这样一句话：“人始终没有悟出，其实自己的命运是可以自己创造的。”在这里完全可以把“命运”换成“健康”。人们都认为生老病死是正常现象，将生病看做是不可避免的，实际上，心理健康和身体健康都是可以自己把握的。

健康同事业、未来的关系非常重要。强健的身体，可以使人们在事业上处处得到帮助。旺盛的体力可以增强人们各部分机能的力量，而使其效率、成就较之体力衰弱的时候大大增加。

人出生以后就有各自的心和身体。体弱多病的孩子长大以后很健壮，小时候唯唯诺诺后来却站在大舞台上成为歌唱家的例子数不胜数。人们的每一种能力，每一种精神机能的充分发挥，与人们的整个生命效率的增加，都有赖于健康的体魄。所以，凡是有志成功、有志上进的人，都应该爱惜、保护体力与精力，而不使其有稍许浪费，因为体力、精力的浪费，都将可能减少成功的可能性，将生活阻挡在快乐之外。

现代人越来越关注健康，他们所吃的食物很多，从中摄取了大量的营养。诚然，营养是抗衡都市压力的一个重要因素，是人类必不可少的物质需求，而营养主要是从饮食中直接得来的。但是，人的饮食不能没有节制，不能暴饮暴食，更不能随心所欲，讲究科学的饮食方法至关重要。如果在短时间内饮食过量，使大量食物进入食道，必然会加重胃肠的负担。超出肠胃承受范围之后，食物滞留于肠胃，不能被及时消化，这样，很明显就会影响到营养的吸收和输送。久而久之，脾胃因不堪重负，其功能当然会受到损伤，反而不利于健康。

身体健康需要自己多学习一些常识，多一些认识，多一分保护。而心灵上的健康也需要自己小心呵护。人的情绪对健康影响极大。愉快喜悦的心情会给人以正面的引导，有益于健康；而苦恼消极的情绪会给人以负面影响，诱发各种疾病，使原有的病情加重。

威廉从小就体弱多病，而且胆子很小，容易害羞，在人面前会非常紧张，脸红红的。这些极大地影响了他的学习和生活。当他长大后，面临着参加工作时，这些又带给他重重的困难。于是，他希望改变能够自己的心理和身体。

那么，他应该怎样做才可以使自己的心理往好的方向改变呢？

想要有效消除紧张心理，从根本上来说有以下两个方面：一是要降低对自己的要求。一个人如果十分争强好胜，事事都要争先，自然就会经常感觉到时间紧迫，而如果能够认清自己能力和精力的限制，放低对自己的要求，自然就会使心境松弛一些。二是要学会调整节奏，劳逸结合。工作学习时要思想集中，玩时要痛快，还要保证充足的睡眠时间，做到张弛有度，自然就不紧张了。

专家建议，应该养成干什么都很快乐的习惯。即使是一件很辛苦的工作也不要抱怨，应该想想它的意义和完成时的成就感等，往有利于自己的地方考虑。是积极地承担工作还是满腹牢骚地干，对精神影响是截然不同的。只要有干什么都能找着快乐的性格，就几乎没有什么讨厌的事。

现代医学认为，良好的情绪可使机体生理机能处于最佳状态，使免疫抗病系统发挥最大效应，抗拒疾病的袭击。许多医学家认为，躯体本身就是良医，85% 的疾病可以自我控制。现代医学证明，一个人如果常在苦闷、忧虑、压抑的心情下紧张工作，或常处于紧张的状态，会降低机体的抵抗力，引起多种疾病，加快人体衰老进程。为此，营造一个好心情尤为重要。

《中国青年报》的社会调查中心一项有 1129 人参与的调查显示，在年轻人当中，66.5% 的人觉得自己压力很大；零点调查公司的一项调查中显示，41.1% 的白领认为自己正面临着较大的工作压力，61. 4%

的白领们正经历着不同程度的心理疲劳；由中国人民大学公共管理学院组织与人力资源研究所和新浪网教育频道联合启动的一项8000人参与的调查显示，82.2%的白领反映压力大；来自中国心理卫生协会的数据显示，目前中国的抑郁症患者已经超过3000万……

人们都希望天天拥有一份好心情，但在实际生活中，却常常被坏心情笼罩。失恋、被老板炒鱿鱼、生意失败、股票套牢、没评上职称、与邻居吵架……这些都会使我们变得郁郁寡欢。有时一件鸡毛蒜皮的小事，也会立刻击垮人们，让人们眉头不展。

印度大文豪泰戈尔说："世界上的事最好是一笑了之，不必用眼泪去冲洗。"一个有积极健康心态的人能够从正面看问题，乐观地对待人生中的各种挑战。积极健康的心态对一个人的为人处世非常重要，在人生旅途中将会遇到很到不尽如人意的事情，都应以积极健康的心态来面对。用阳光的心态享受生活，发现生活中的美，生活中不是没有美，而是缺少发现。有了阳光般的心态就会懂得欣赏生活中的每一个瞬间，就会懂得热爱生活，相信美好的未来。从积极的一面去看待人生，就能看到事物最好的一面。

坏心情是有害的。它会损坏我们的健康。坏心情会使一个女人老得更快，会使人们的表情难看、皱纹增多、头发脱落，会使人们情绪低沉、抑郁，甚至精神崩溃，它也会缩短人们的寿命。所以，不管怎样，人生还要继续，自己的健康是最重要的。英国大戏剧家莎士比亚说："我愿意扮演一个小丑，在嘻嘻哈哈的欢笑声中老去；我宁可用酒温暖胃肠，不用悲哀的呻吟声去冰冷自己的心。"

连大文豪莎士比亚都有这样的想法，作为平凡的普通人，做一个健康快乐的小丑又何妨？能够有一个健康的身体、一种健全的精神，并且能在两者之间保持美满的平衡，这便是人生最大的幸福。当人们拥有了健康，也将拥有了追求快乐的动力。

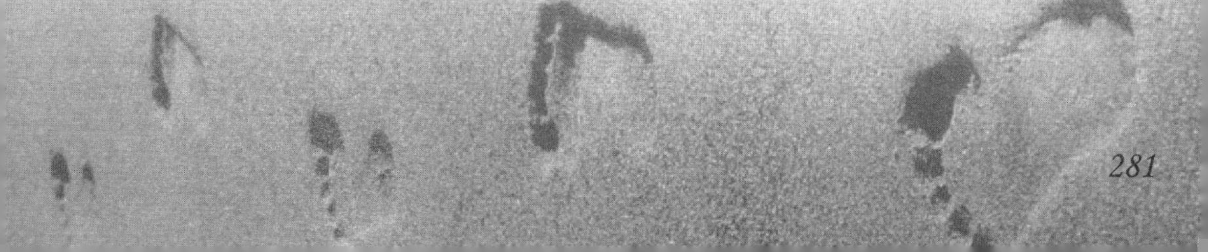